建筑工程细部节点做法与施工工艺图解丛书

装饰装修工程细部节点做法与施工工艺图解

丛书主编：毛志兵

本书主编：吴　飞

中国建筑工业出版社

图书在版编目(CIP)数据

装饰装修工程细部节点做法与施工工艺图解 / 吴飞
主编. —北京：中国建筑工业出版社，2018.7(2021.8重印)
（建筑工程细部节点做法与施工工艺图解丛书/丛书
主编：毛志兵）
ISBN 978-7-112-22218-6

Ⅰ.①装… Ⅱ.①吴… Ⅲ.①建筑装饰-工程装修-节点-
细部设计-图解②建筑装饰-工程装修-工程施工-图解 Ⅳ.①
TU767-64

中国版本图书馆 CIP 数据核字(2018)第 100451 号

本书以通俗、易懂、简单、经济、实用为出发点，从节点图、实体照
片、工艺说明三个方面解读工程节点做法。本书分为建筑装饰；建筑幕墙
共 2 章。提供了 300 多个常用细部节点做法，能够对项目基层管理岗位及
操作层的实体操作及质量控制有所启发和帮助。

本书是一本实用性图书，可以作为监理单位、施工企业、一线管理人
员及劳务操作层的培训教材。

责任编辑：张　磊
责任校对：李欣慰

建筑工程细部节点做法与施工工艺图解丛书
装饰装修工程细部节点做法与施工工艺图解
丛书主编：毛志兵
本书主编：吴　飞

*

中国建筑工业出版社出版、发行(北京海淀三里河路 9 号)
各地新华书店、建筑书店经销
北京红光制版公司制版
河北鹏润印刷有限公司印刷

*

开本：850×1168毫米　1/32　印张：10¼　字数：273 千字
2018 年 8 月第一版　2021 年 8 月第八次印刷
定价：**45.00** 元
ISBN 978-7-112-22218-6
(37483)

编写委员会

主　　编：毛志兵

副 主 编：（按姓氏笔画排序）

冯　跃　刘　杨　刘明生　李　明　杨健康

吴　飞　吴克辛　张云富　张太清　张可文

张晋勖　欧亚明　金　睿　赵福明　郝玉柱

彭明祥　戴立先

审定委员会

（按姓氏笔画排序）

马荣全　王　伟　王存贵　王美华　王清训　冯世伟

曲　惠　刘新玉　孙振声　李景芳　杨　煜　杨嗣信

吴月华　汪道金　张　涛　张　琨　张　磊　胡正华

姚金满　高本礼　鲁开明　薛永武

审定人员分工

《地基基础工程细部节点做法与施工工艺图解》

　　中国建筑第六工程局有限公司顾问总工程师：王存贵

　　上海建工集团股份有限公司副总工程师：王美华

《钢筋混凝土结构工程细部节点做法与施工工艺图解》

　　中国建筑股份有限公司科技部原总经理：孙振声

　　中国建筑股份有限公司技术中心总工程师：李景芳

　　中国建筑一局集团建设发展有限公司副总经理：冯世伟

　　南京建工集团有限公司总工程师：鲁开明

《钢结构工程细部节点做法与施工工艺图解》

　　中国建筑第三工程局有限公司总工程师：张琨

　　中国建筑第八工程局有限公司原总工程师：马荣全

　　中铁建工集团有限公司总工程师：杨煜

　　浙江中南建设集团有限公司总工程师：姚金满

《砌体工程细部节点做法与施工工艺图解》

　　原北京市人民政府顾问：杨嗣信

　　山西建设投资集团有限公司顾问总工程师：高本礼

　　陕西建工集团有限公司原总工程师：薛永武

《防水、保温及屋面工程细部节点做法与施工工艺图解》

　　中国建筑业协会建筑防水分会专家委员会主任：曲惠

　　吉林建工集团有限公司总工程师：王伟

《装饰装修工程细部节点做法与施工工艺图解》

中国建筑装饰集团有限公司总工程师：张涛

温州建设集团有限公司总工程师：胡正华

《安全文明、绿色施工细部节点做法与施工工艺图解》

中国新兴建设集团有限公司原总工程师：汪道金

中国华西企业有限公司原总工程师：刘新玉

《建筑电气工程细部节点做法与施工工艺图解》

中国建筑一局（集团）有限公司原总工程师：吴月华

《建筑智能化工程细部节点做法与施工工艺图解》

《给水排水工程细部节点做法与施工工艺图解》

《通风空调工程细部节点做法与施工工艺图解》

中国安装协会首席专家：王清训

本书编委会

主编单位：浙江省建工集团有限责任公司

参编单位：浙江建工幕墙装饰有限公司

浙江省武林建筑装饰集团有限公司

广东景龙建设集团有限公司

主　　编：吴　飞

副 主 编：金　睿

编写人员：程　骥　胡　晨　杜东新　陈敏璐　竺陈冬

胡　恒　黄　刚　徐　燏　蔺官平　李　耿

卢翔平

丛 书 前 言

过去的 30 年，是我国建筑业高速发展的 30 年，也是从业人员数量井喷的 30 年，不可避免的出现专业素质参差不齐，管理和建造水平亟待提高的问题。

随着国家经济形势与发展方向的变化，一方面建筑业从粗放发展模式向精细化发展模式转变，过去以数量增长为主的方式不能提供行业发展的动力，需要朝品质提升、精益建造方向迈进，对从业人员的专业水准提出更高的要求；另一方面，建筑业也正由施工总承包向工程总承包转变，不仅施工技术人员，整个产业链上的工程设计、建设监理、运营维护等项目管理人员均需要夯实专业基础和提高技术水平。

特别是近几年，施工技术得到了突飞猛进的发展，完成了一批"高、大、精、尖"项目，新结构、新材料、新工艺、新技术不断涌现，但不同地域、不同企业间发展不均衡的矛盾仍然比较突出。

为了促进全行业施工技术发展及施工操作水平的整体提升，我们组织业界有代表性的大型建筑集团的相关专家学者共同编写了《建筑工程细部节点做法与施工工艺图解丛书》，梳理经过业界检验的通用标准和细部节点，使过去的成功经验得到传承与发扬；同时收录相关部委推广与推荐的创优做法，以引领和提高行业的整体水平。在形式上，以通俗易懂、经济实用为出发点，从节点构造、实体照片（BIM 模拟）、工艺要点等几个方面，解读工程节点做法与施工工艺。最后，邀请业界顶尖专家审稿，确保本丛书在专业上的严谨性、技术上的科学性和内容上的先进性。使本丛书可供广大一线施工操作人员学习研究、设计监理人员作业的参考、项目管理人员工作的借鉴。

本丛书作为一本实用性的工具书，按不同专业提供了业界实践后常用的细部节点做法，可以作为设计单位、监理单位、施工企业、一线管理人员及劳务操作层的培训教材，希望对项目各参建方的操作实践及品质控制有所启发和帮助。

本丛书虽经过长时间准备、多次研讨与审查、修改，仍难免存在疏漏与不足之处。恳请广大读者提出宝贵意见，以便进一步修改完善。

丛书主编：毛志兵

本 册 前 言

本分册根据《建筑工程细部节点做法与施工工艺图解丛书》编委会的要求,由浙江省建工集团有限责任公司会同浙江建工幕墙装饰有限公司、浙江省武林建筑装饰集团有限公司、广东景龙建设集团有限公司共同编制。

在编写过程中,编写组认真研究了《建筑装饰装修工程质量验收规范》GB 50210—2001、《住宅装饰装修工程施工规范》GB 50327—2001、《住宅室内装饰装修工程质量验收规范》JGJ/T 304—2013、《建筑幕墙》GB/T 21086—2007,并参照《建筑幕墙通用技术要求及构造》13J103—1、《构件式玻璃幕墙》13J103—2、《点支承玻璃幕墙、全玻幕墙》13J103—3、《单元式幕墙》13J103—4 等有关资料和图集,结合编制组在装饰装修工程施工经验进行编制,并组织浙江省建工集团有限责任公司内、外专家进行审查后定稿。

本分册主要内容有:建筑装饰、建筑幕墙两章 300 多个节点,每个节点包括实景或 BIM 图片及工艺说明两部分,力求做到图文并茂、通俗易懂。

本分册编制和审核过程中,得到了浙江省建工集团有限责任公司多位领导和专家的支持和帮助,中国建筑装饰集团有限公司总工程师张涛、温州建设集团有限公司总工程师胡正华对本书内容进行了审核,在此一并表示感谢。

由于时间仓促,经验不足,书中难免存在缺点和错漏,恳请广大读者指正。

目　　录

第一章　建筑装饰

第一节　楼地面装饰工程

010101　水泥砂浆面层

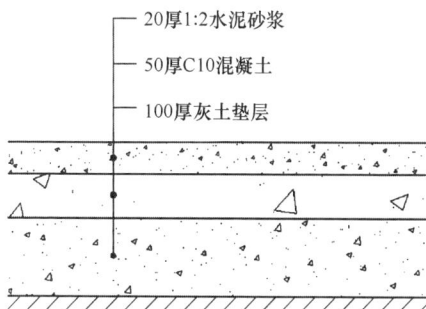

20厚1:2水泥砂浆

50厚C10混凝土

100厚灰土垫层

　　工艺说明：水泥砂浆面层下一层有水泥类材料时，其表面应粗糙、洁净和湿润，并不得有积水现象。当铺设水泥砂浆面层时，其下一层水泥类材料的抗压强度应≥1.2MPa。

010102 现浇水磨石面层

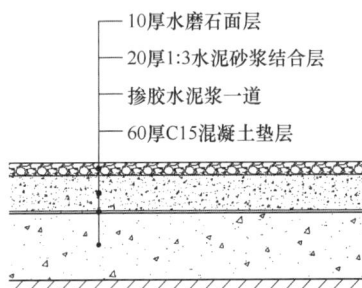

—— 10厚水磨石面层
—— 20厚1:3水泥砂浆结合层
—— 掺胶水泥浆一道
—— 60厚C15混凝土垫层

工艺说明：水泥砂浆结合层干后卧铜条分格，铜条打眼穿22号镀锌低碳钢丝卧牢，每米4眼；水磨石面层1：2.5水泥彩色石子，表面磨光打蜡。

010103 预制水磨石铺贴

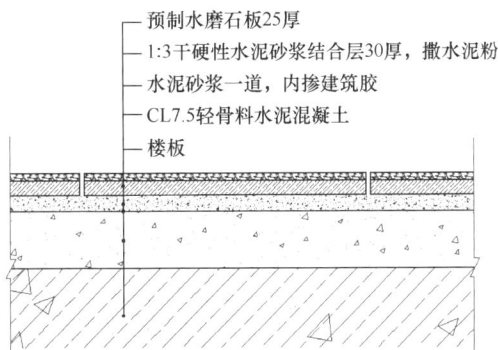

预制水磨石板25厚
1:3干硬性水泥砂浆结合层30厚，撒水泥粉
水泥砂浆一道，内掺建筑胶
CL7.5轻骨料水泥混凝土
楼板

工艺说明：铺贴顺序应从里至外逐行挂线，把水磨石板对准铺设，铺贴时要四角同时着落，并用木槌适度着力敲击至平正。

010104　石材砂浆铺贴

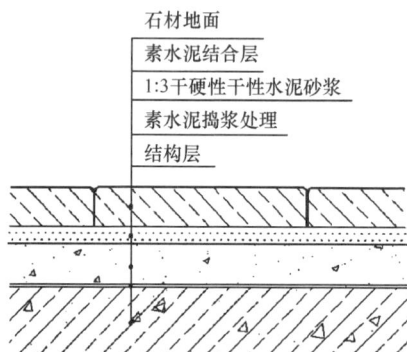

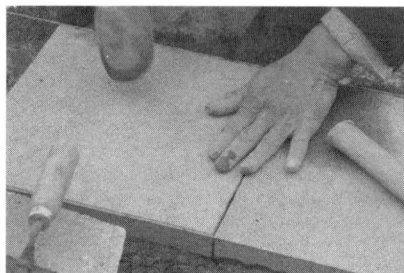

石材地面
素水泥结合层
1:3干硬性干性水泥砂浆
素水泥捣浆处理
结构层

工艺说明：基层必须清理干净并浇水湿润，且在铺设干硬性水泥砂浆结合层之前、之后均要刷一层素水泥浆，确保基层与结合层、结合层与面层粘结牢固。

010105 **石材胶泥铺贴**

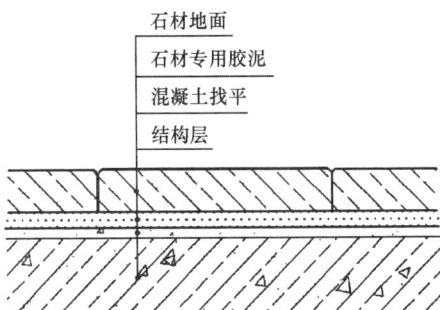

工艺说明：水泥类基层表面必须有足够的强度，要求坚硬、密实、平整、干燥，无油污及浮灰、凹凸不平，含水量不大于10%，粘贴石材时粘结面应挂涂一层高分子胶泥作为界面剂，不留空白。

010106 地砖砂浆铺贴

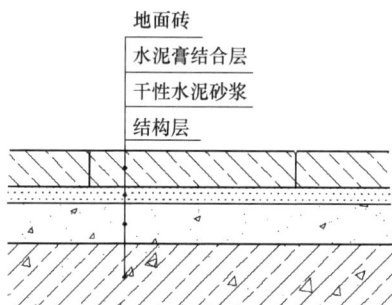

地面砖
水泥膏结合层
干性水泥砂浆
结构层

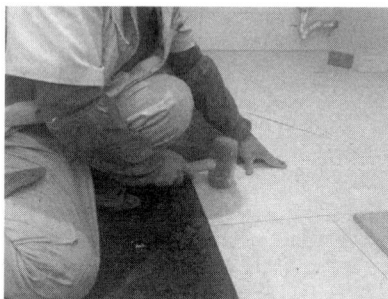

工艺说明：砖无变形、无色差，砖充分浸水，粘贴前浸泡2h以上，地面也应充分湿水，控制地砖空鼓。房间地砖密拼铺贴。做好地砖收口检查，清缝勾缝密实，无空洞。做好阳角保护。

010107　地面陶瓷马赛克铺贴

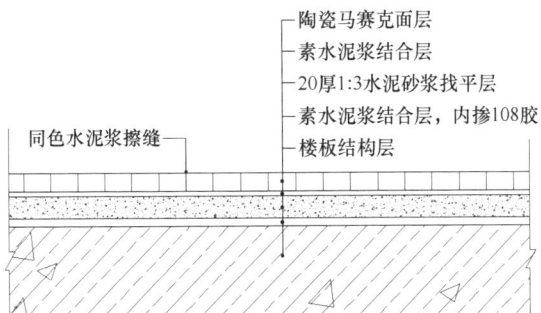

陶瓷马赛克面层
素水泥浆结合层
20厚1:3水泥砂浆找平层
素水泥浆结合层，内掺108胶
楼板结构层

同色水泥浆擦缝

工艺说明：贴陶瓷马赛克前应放出施工大样，铺贴需确保间距一致，陶瓷马赛克贴完后，将水拍板紧靠衬纸面层，用小锤敲木板，做到满拍、轻拍、拍实、拍平，使其粘结牢固、平整。

010108 木地板无龙骨铺装

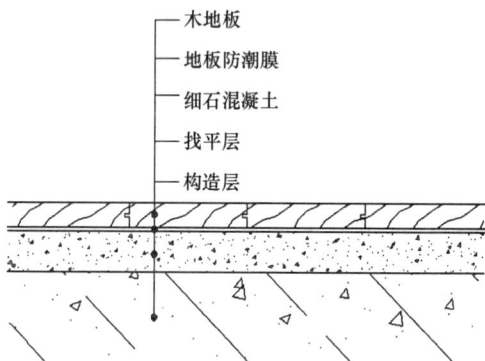

木地板
地板防潮膜
细石混凝土
找平层
构造层

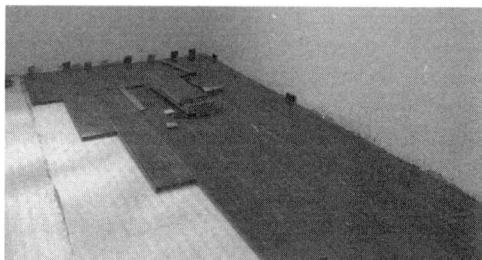

工艺说明：地面找平后平整度需符合国家有关要求，且达到一定的干燥度后方可铺贴。基层板铺设时应在建筑地面上铺塑料防潮薄膜，接口处互叠，用胶布粘贴，防止水汽进入。

010109　实木地板木龙骨铺装

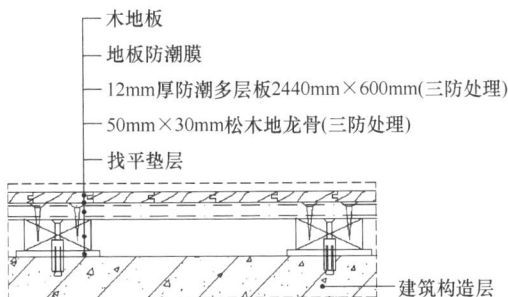

木地板
地板防潮膜
12mm厚防潮多层板2440mm×600mm(三防处理)
50mm×30mm松木地龙骨(三防处理)
找平垫层

建筑构造层

工艺说明：木地龙骨须采用松木类木材，含水率符合当地湿度要求及三防处理，采用专用美固钉固定，地面沿墙四周需用木龙骨加固。铺设12mm多层板，背面满涂三防涂料，自攻螺钉固定。地板下需铺设防潮膜，接口处互叠，用胶布粘贴，防止灰尘、水汽进入。

010110 架空活动（网络）地板铺装

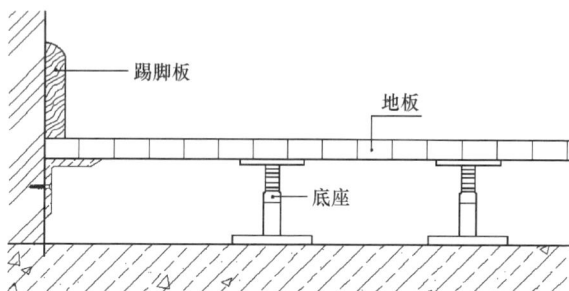

工艺说明：拉水平线，调整支架座上的螺母，使其高度、水平度符合要求，然后拧紧，在组装好的支架上放置网络地板，将累计误差集中到次要的墙边部位，然后用无齿锯按边缘缝隙切割适当的地板进行充填。铺设地板时，用水泡水平仪逐步找平。活动地板的高度靠可调支架调节，相邻板块高度不得大于 1mm，接缝差不大于 2mm，接缝宽度差不大于 3mm。

010111 塑胶地板铺装

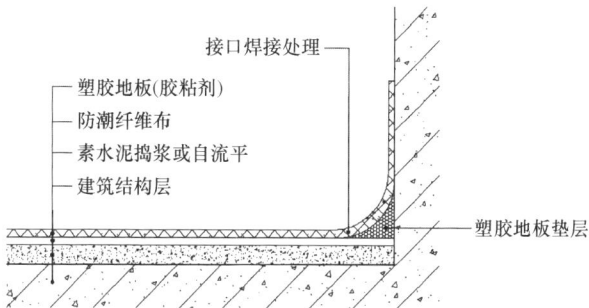

接口焊接处理
塑胶地板(胶粘剂)
防潮纤维布
素水泥捣浆或自流平
建筑结构层
塑胶地板垫层

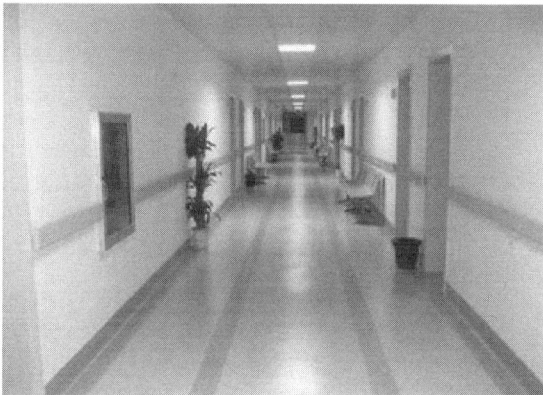

工艺说明:基层应达到表面不起砂、不起皮、不起灰、不空鼓、无油渍、手摸无粗糙感。基层与塑料地板块背面同时涂胶,胶面不粘手时即可铺贴。铺贴时,将气泡赶尽。卷材铺设时,两块材料的搭接处应采用重叠法切割,一般要求重叠3cm。为避免拼接缝的产生及存有卫生死角,踢脚与地面连接处制作成内圆角或踢脚与地面整体铺贴。

010112　地毯铺装

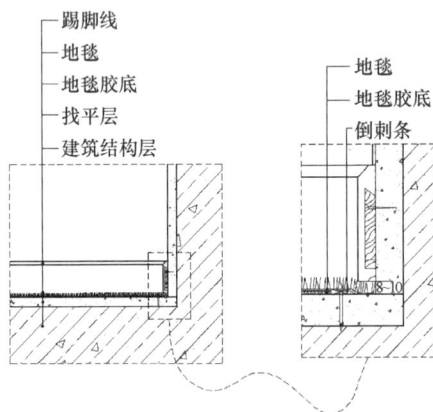

踢脚线
地毯
地毯胶底
找平层
建筑结构层

地毯
地毯胶底
倒刺条

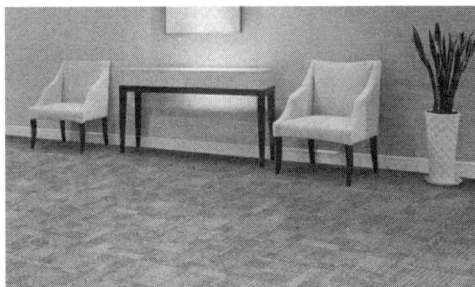

工艺说明：地毯地面须采用水泥砂浆找平处理，待完全干透后，方可铺设地毯。踢脚线根部需预留8～10mm的缝隙（根据地毯的厚度），地毯胶垫须符合室内环保及防火要求。

010113 地面自流平面层

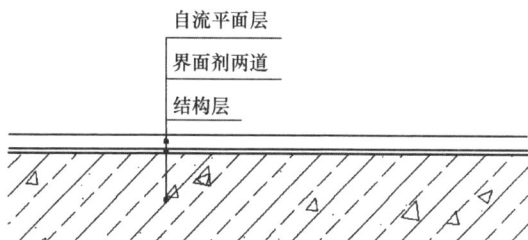

自流平面层
界面剂两道
结构层

工艺说明：基层用磨光机打磨，应平整、洁净，界面剂、自流平材料按厂家使用说明要求使用，自流平材料必须搅拌均匀才能铺设。

010114 水地暖构造节点

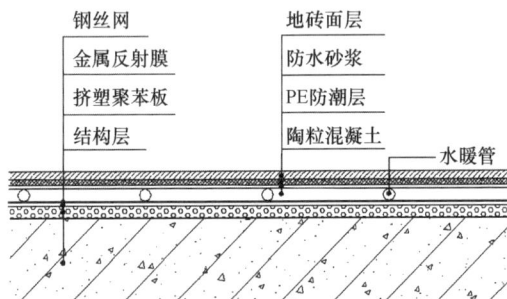

钢丝网　　　　　地砖面层
金属反射膜　　　防水砂浆
挤塑聚苯板　　　PE防潮层
结构层　　　　　陶粒混凝土　　水暖管

工艺说明：地面面层宜采用石材地砖或专用地板，不可使用实木地板，水暖管禁止弯折，水暖管整体应平顺铺设，金属反射膜施工时应注意保护，防止破损，影响使用效果。

010115 电地暖构造节点

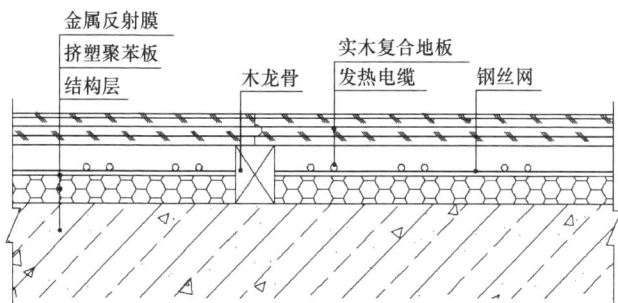

工艺说明：木龙骨应做好防火防腐处理，发热电缆禁止弯折，应平顺铺设，金属反射膜施工时应注意保护，防止破损，影响使用效果。

010116　地面地漏安装

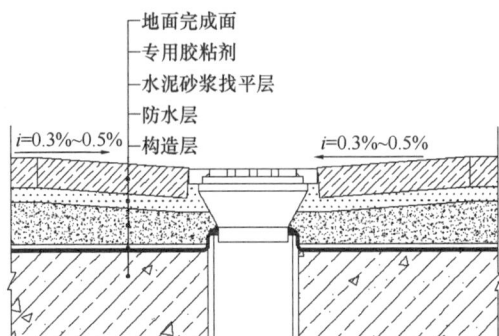

- 地面完成面
- 专用胶粘剂
- 水泥砂浆找平层
- 防水层
- 构造层

$i=0.3\%\sim0.5\%$　　$i=0.3\%\sim0.5\%$

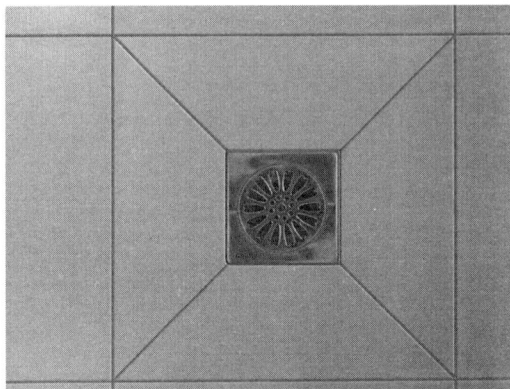

工艺说明：地漏定位需提前地面排版，实地放线，尽量设置在靠近下水管处；地漏、排水管口径需符合排水流量要求，排水管需设置存水弯；地面找坡符合排水要求，找坡率0.3％～0.5％。

010117 楼梯踏步石材铺贴

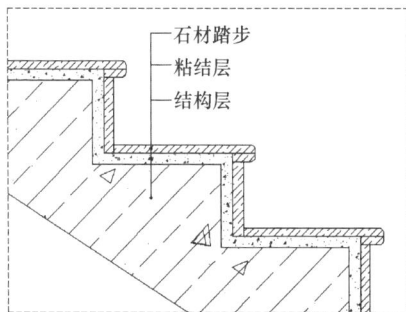

石材踏步
粘结层
结构层

工艺说明：石材饰面的细部要求应在精确放线后对厂家作详细交底；石材应做好六面防护处理；浅色石材采用白水泥砂浆掺白石屑铺贴。

010118 踏步石材阴角节点

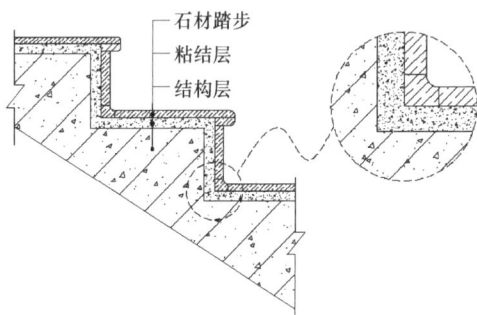

工艺说明：石材饰面的细部要求应在精确放线后对厂家作详细交底；石材应做好六面防护处理；浅色石材采用白水泥砂浆掺白石屑铺贴；楼梯踏步阴角处石材加工成圆弧形，安装时应保证与基层的粘结强度。

010119 楼梯踏步木制品饰面

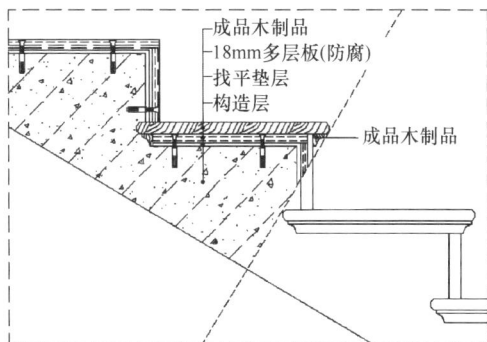

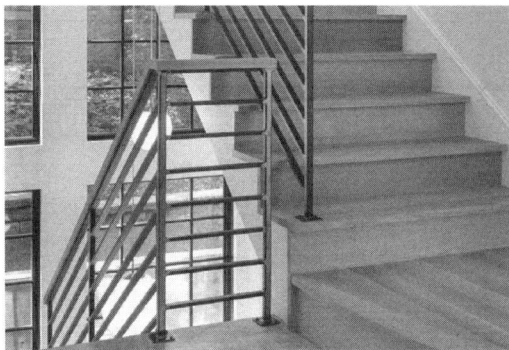

成品木制品
18mm多层板(防腐)
找平垫层
构造层
成品木制品

工艺说明：楼梯木踏板应工厂化加工，含水率应符合当地的湿度，油漆面应符合耐磨性要求，采用AB胶与木基层板粘结固定，木基层板作三防处理；楼梯踏板背面需用封底漆封闭，以防止变形；楼梯踏板收口线形应避免方角，以防止使用磨损。

010120　地毯与石材拼接

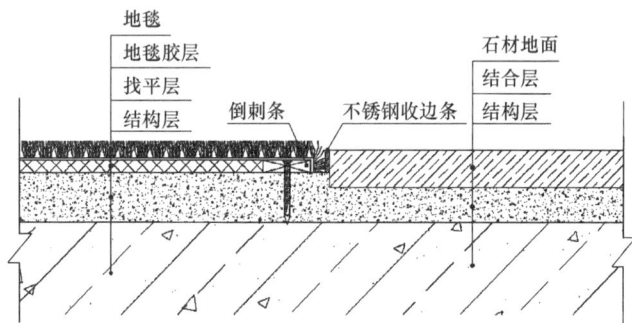

工艺说明：不锈钢收边条用AB胶与地面石材黏结，地毯表面应高出石材面5mm，不锈钢收边条可以根据需要采用不同形状的定型条。

010121 木地板与石材拼接

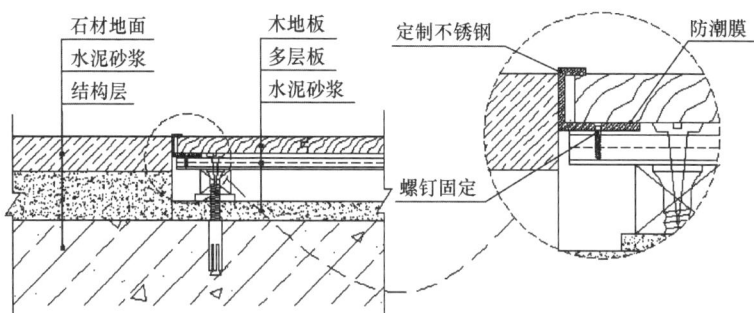

工艺说明：不锈钢收边条用螺钉固定在多层板上；确保石材地面、木地板和定制不锈钢条的平整度。

010122　木制踢脚线收口

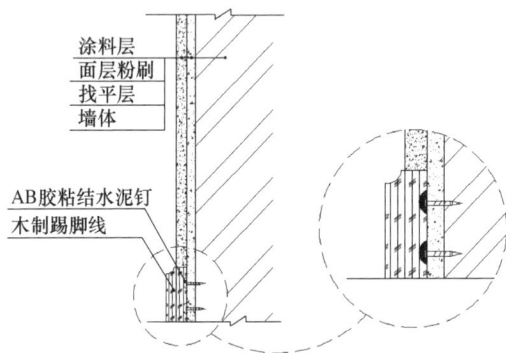

涂料层
面层粉刷
找平层
墙体

AB胶粘结水泥钉
木制踢脚线

工艺说明：木制踢脚线视其外形，凸出墙面一般控制在12～15mm为宜，踢脚线上口应平直，出墙厚度一致。

010123 木地板与踢脚线节点

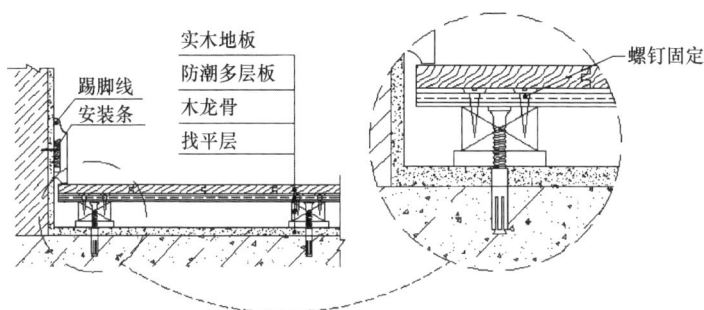

工艺说明：踢脚线宜采用与地面同材质的材料，应工厂加工制作、现场安装；踢脚线拼接应控制统一长度，接缝位置留置应考虑日后家具的摆设；木地板与墙面交接部位应预留8～10mm伸缩缝，踢脚线与木地板交接部位应预留3mm缝隙。

010124　木地板与门槛石收口节点

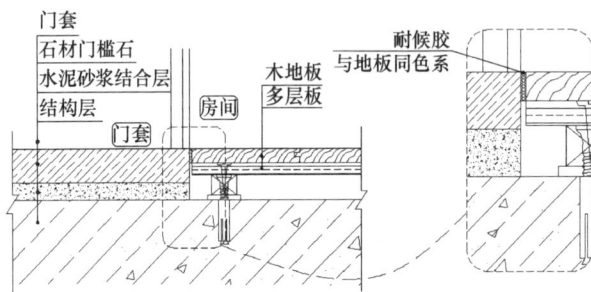

工艺说明：木地板与石材围边交接处需预留 3mm 地板伸缩缝，采用与木地板同色系的耐候胶填缝，为防止成品受污染及控制宽直度，打胶时需先用美纹纸定位。

010125 地面伸缩缝细部节点

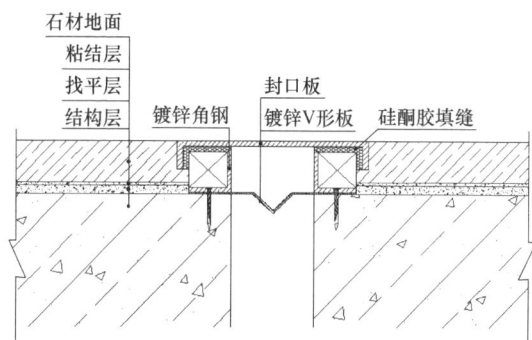

工艺说明：安装前对槽口进行修整，确保槽口的平直度和强度；伸缩缝盖板统一加工，安装时弹出控制线要做到顺直一致、牢固并压向正确；角钢应与结构层固定牢固；伸缩缝盖板表面可根据装饰风格进行着色处理，应保证图案的连续性，确保装饰整体风格。

010126 地坪冲筋

地面大面积冲筋示意图

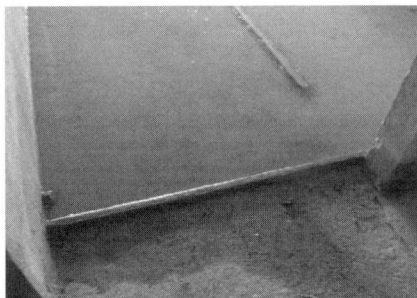

门口处冲筋

工艺说明：对房间内的结构楼板的标高复核，灰饼布置"先两头，后中间"，并按灰饼距离墙边≤300mm、灰饼纵向间距≤1500mm进行灰饼设置；贯通灰饼，完成冲筋设置。并复核"冲筋体"的标高；门口部位需独立冲筋，根据灰饼标高进行贯通冲筋设置。地坪浇筑前冲筋体需养护至少3d，并复核冲筋的标高；浇筑过程采用传统2m的大杠尺随即找平，初凝后再用铁抹子收光一次；施工重点关注墙角部、墙根部、户内门口、入户门口、阳台门口等部位的平整度控制。

010127 门槛石防水做法（先铺法）

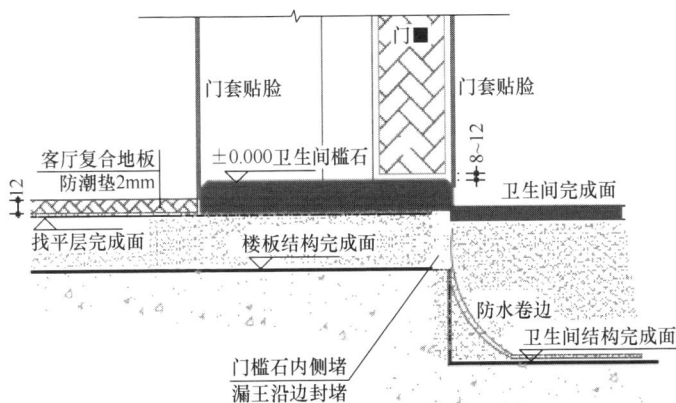

卫生间门槛石断面

工艺说明：（1）本做法适用于有防水层的卫生间门槛石，及没有防水层的厨房间门槛的局部防水处理。阳台、入户花园等有渗漏可能的参照处理；（2）铺贴地面砖等湿作业时须对门槛石采取专项成品保护措施，需采用定制的木芯板扣盒反扣，并用透明胶固定保护，门槛石表面粘贴保护膜；（3）门槛石下部临近迎水面的一侧预留20mm左右的凹槽，冲洗干净凹槽，然后将搅拌好的堵漏王塞进凹槽里，并且确保完全填满。

010128 门槛石防水做法（后铺法）

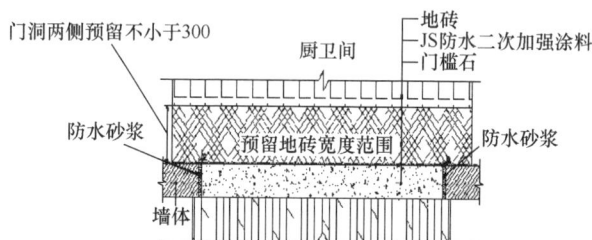

厨卫间门槛石平面图

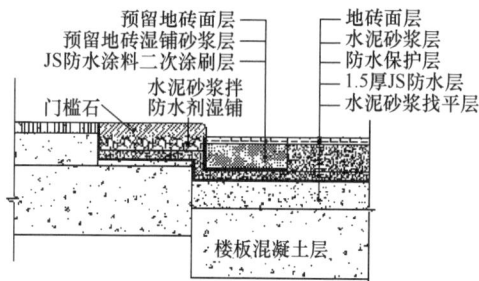

厨卫间门槛石防渗漏施工方案节点图

工艺说明：（1）采用防水砂浆湿贴门槛石，将门槛石下临厨卫内侧立面粘贴砂浆收平收光；门槛石长度保证离门洞两侧有10mm以上空隙，空隙采用防水砂浆填塞密实，填平门槛石上口并收平。门槛石安装前两侧预留不小于300mm位置不贴瓷砖。（2）门槛石铺贴完毕后，预留位置侧、底面应第二次做JS防水加强。（3）对于没有阳台或入户花园处的门槛防水可以参照处理。

010129　面石膏板接缝处理

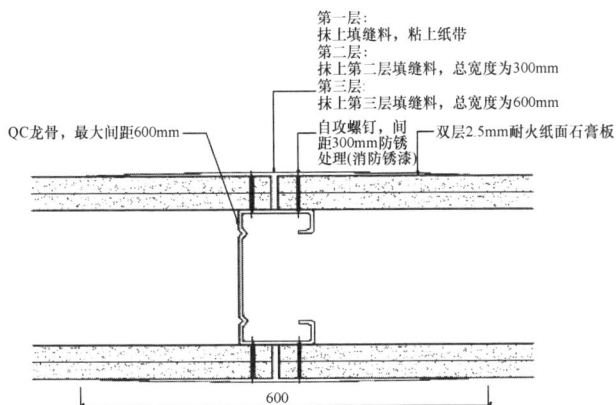

第一层：
抹上填缝料，粘上纸带
第二层：
抹上第二层填缝料，总宽度为300mm
第三层：
抹上第三层填缝料，总宽度为600mm

QC龙骨，最大间距600mm

自攻螺钉，间距300mm防锈处理(消防锈漆)

双层2.5mm耐火纸面石膏板

600

注：1. 接缝处理后座与板面同样平滑
　　2. 所有接缝须用砂纸轻轻打磨
　　3. 自攻螺钉刷漆防锈处理

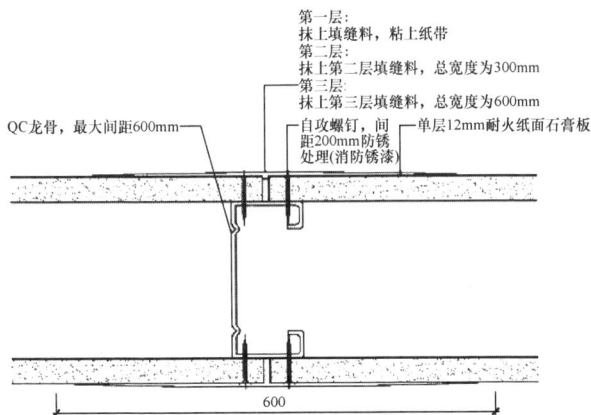

第一层：
抹上填缝料，粘上纸带
第二层：
抹上第二层填缝料，总宽度为300mm
第三层：
抹上第三层填缝料，总宽度为600mm

QC龙骨，最大间距600mm

自攻螺钉，间距200mm防锈处理(消防锈漆)

单层12mm耐火纸面石膏板

600

注：1. 接缝处理后座与板面同样平滑
　　2. 所有接缝须用砂纸轻轻打磨
　　3. 自攻螺钉刷漆防锈处理

　　　　工艺说明：（1）分为双层9.5mm厚石膏板和单层12mm厚石膏板；（2）接缝处理后与石膏板板面平整光滑；（3）所有接缝处须用砂纸轻轻打磨；（4）自攻螺钉须刷防锈漆。

010130　腻子施工

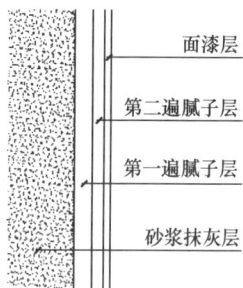

面漆层

第二遍腻子层

第一遍腻子层

砂浆抹灰层

工艺说明：（1）墙面清理必须彻底处理完成空鼓开裂、大小头等质量问题，禁止在腻子施工阶段仍有土建修补作业；（2）成品腻子必须集中配置；（3）腻子修补打磨宜采用机械打磨；（4）施工前必须在阴阳角上双面弹线、阴阳角修复需使用铝合金方通及专用阴阳角工具施工；（5）窗框边、砖边采用美纹纸粘贴保护。

010131 通窗帘箱节点

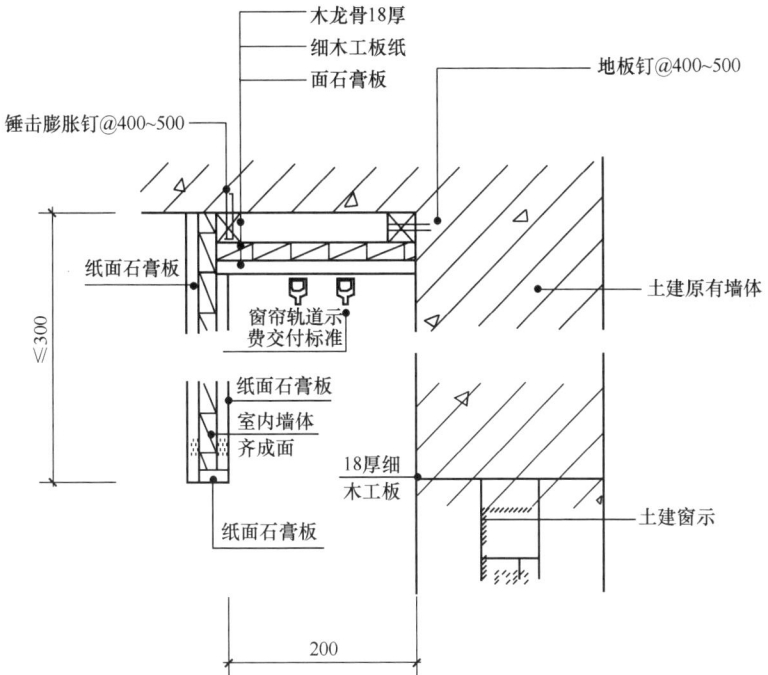

木龙骨18厚
细木工板纸
面石膏板
地板钉@400~500
锤击膨胀钉@400~500
纸面石膏板
土建原有墙体
窗帘轨道示
费交付标准
纸面石膏板
室内墙体
齐成面
18厚细
木工板
土建窗示
纸面石膏板
≤300
200

普通窗帘节点一（高度300）

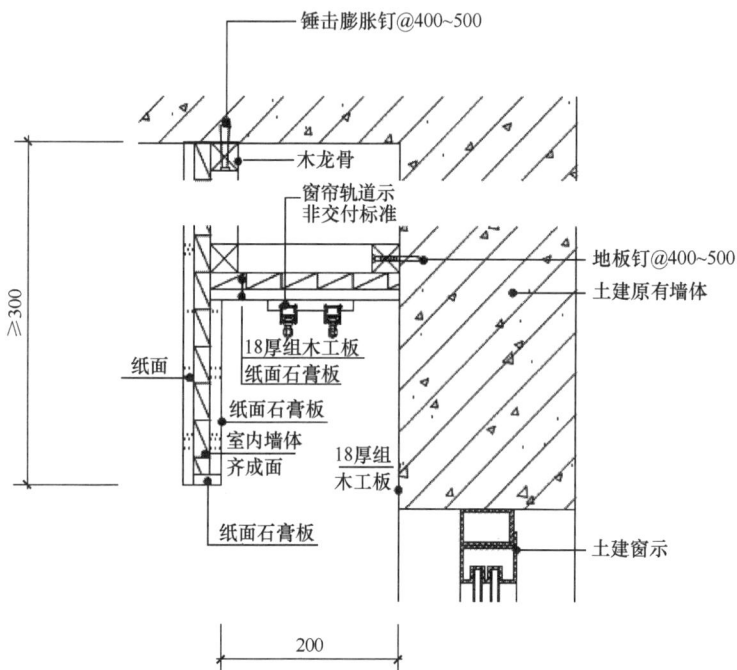

锤击膨胀钉@400~500

木龙骨

窗帘轨道示
非交付标准

地板钉@400~500

土建原有墙体

18厚组木工板
纸面石膏板

纸面石膏板

室内墙体
齐成面

18厚组
木工板

纸面石膏板

纸面

≥300

200

土建窗示

普通窗帘箱（高度＞300）节点做法（二）

工艺说明：定位画线，根据施工图将窗帘盒的具体位置画在墙面和顶棚上；木龙骨与顶棚固定采用锤击式膨胀钉，与墙面固定采用地板钉，钉间距为400~500mm；窗帘盒固定也采用地板钉；木龙骨六面涂刷防火涂料，细木工板非与石膏板接触的一侧涂刷防火涂料，木枕必须防腐液浸泡。

010132 单层、双层石膏板吊顶与涂料、壁纸墙面处凹槽做法

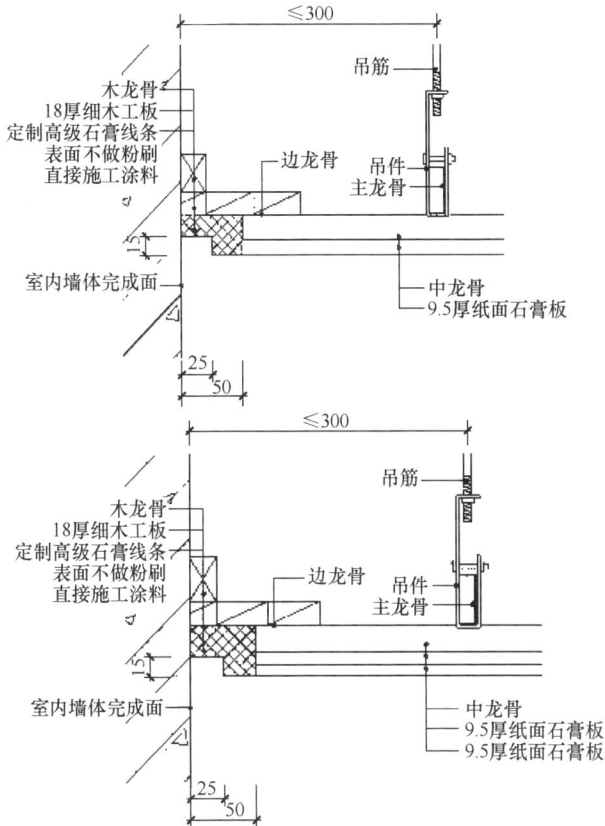

工艺说明：（1）石膏线条成品一定要求使用精石膏粉制作的高品质石膏线条，确保石膏线条不需要批补腻子，可以直接涂刷乳胶漆；（2）石膏线条使用粘结石膏粘贴在细木工板基层上，接口及转角处进行局部打磨修补，石膏线条与石膏板连接处使用绷带加强；（3）细木工板基层不与石膏线条接触部位涂刷防火涂料，使用地板钉固定在墙面，木枕必须用防腐液浸泡。

010133 吊顶预留孔做法一

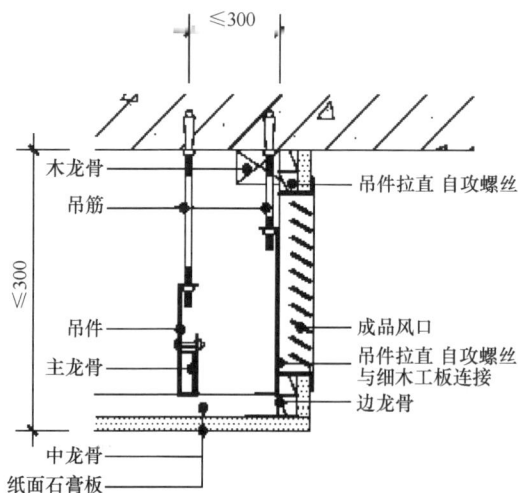

① 空调风管机侧向风口剖面图 (吊顶高度≤300)

木龙骨
吊筋
吊件
主龙骨
中龙骨
纸面石膏板

吊件拉直 自攻螺丝
成品风口
吊件拉直 自攻螺丝与细木工板连接
边龙骨

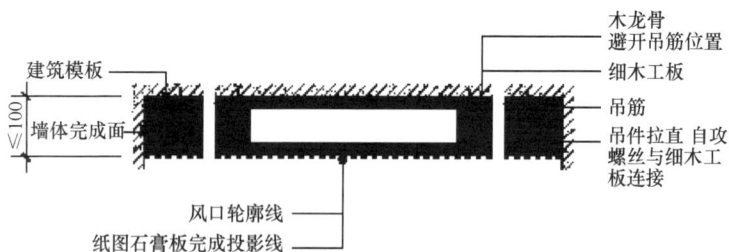

② 空调风管机侧向风口 (吊顶高度≤200) 细木工板立面示意图

建筑模板
墙体完成面
风口轮廓线
纸图石膏板完成投影线

木龙骨避开吊筋位置
细木工板
吊筋
吊件拉直 自攻螺丝与细木工板连接

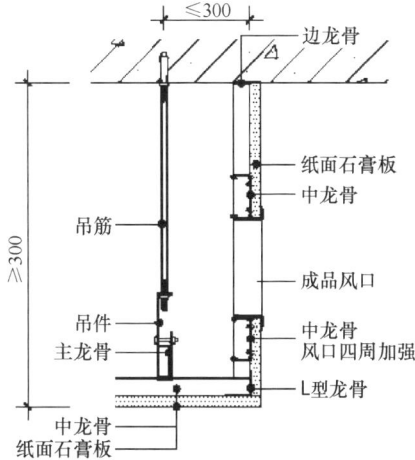

③ 空调风管机侧向风口剖面图（吊顶高度＞300）

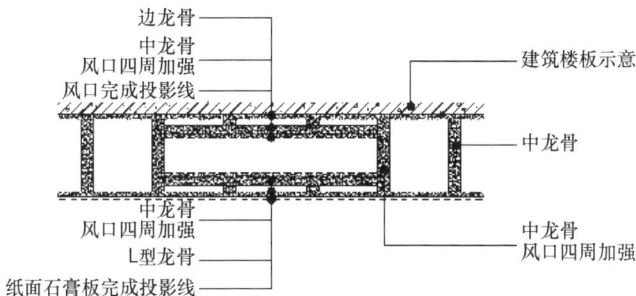

④ 空调风管机侧向风口吊顶高度≤200细木工板立面示意图

工艺说明：（1）木龙骨六面涂刷防火涂料。细木工板非与石膏板接触的一侧涂刷防火涂料，木枕必须防腐液浸泡；（2）木龙骨与顶棚固定采用锤击式膨胀钉，钉间距400～500mm；（3）使用吊筋承载细木工板的重量，吊筋固定在龙骨接缝处，将大吊砸直后用自攻螺钉固定在细木工板上；（4）本节点需要特别注意防止风口下方细木工板下坠，引起开裂。

010134   吊顶预留孔做法二

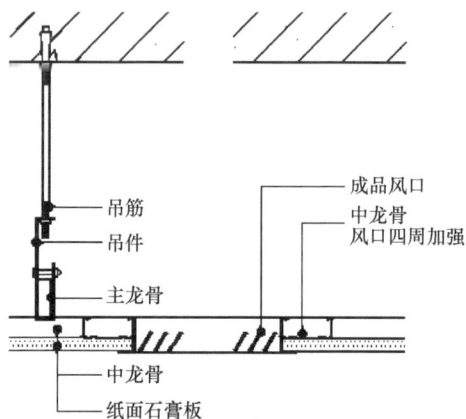

⑤ 空调风管机顶面风口剖面图

吊筋
吊件
主龙骨
中龙骨
纸面石膏板

成品风口
中龙骨
风口四周加强

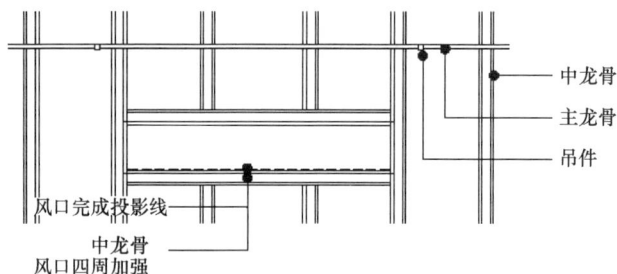

⑥ 空调风管机顶面风口龙骨平面示意图

中龙骨
主龙骨
吊件

风口完成投影线
中龙骨
风口四周加强

工艺说明：（1）为保证骨架的稳定，按主龙骨位置及吊杆间距采用φ8螺纹吊杆，内膨胀螺栓固定；（2）罩面板必须与龙骨连接牢固，平整，缝隙均匀、正确，预留洞留设正确；（3）风口周边需用龙骨加强处理。

010135 龙骨＋单层细木工板门套基层

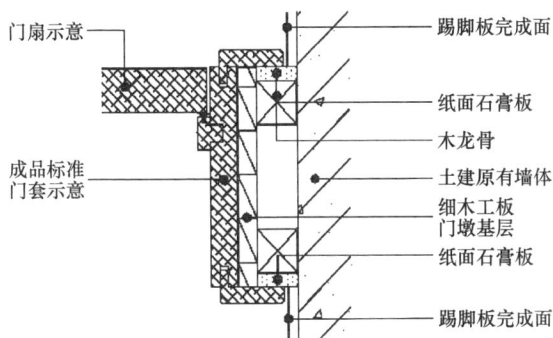

龙骨+单层细木工板门套基层做法

工艺说明：（1）核查预埋件及洞口：检测预埋件等是否符合设计安装要求，检查排列间距、尺寸、位置是否符合钉装龙骨的要求，量测门窗及其他洞口的位置、尺寸是否方正垂直，与设计要求是否相符；（2）铺设防潮层：设计有防潮要求的，在钉装龙骨前应进行涂刷防潮层的施工；（3）配制与安装龙骨：根据设计施工图纸，制作龙骨并进行安装，安装前需进行防腐处理，安装应牢固；（4）钉装面板：对龙骨位置、平直度、钉设牢固情况、防潮构造要求等进行检查，合格后钉装面板。

010136 衣柜独立安装、移门顶面基层

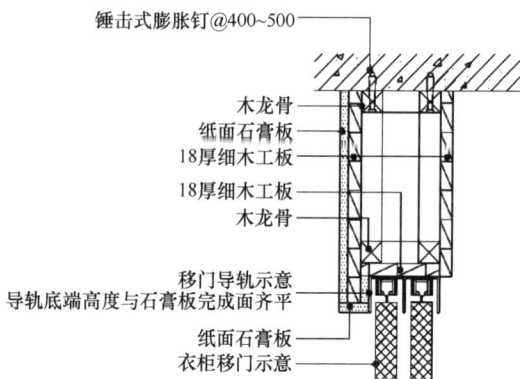

锤击式膨胀钉@400~500
木龙骨
纸面石膏板
18厚细木工板
18厚细木工板
木龙骨
移门导轨示意
导轨底端高度与石膏板完成面齐平
纸面石膏板
衣柜移门示意

① 暗藏式导轨

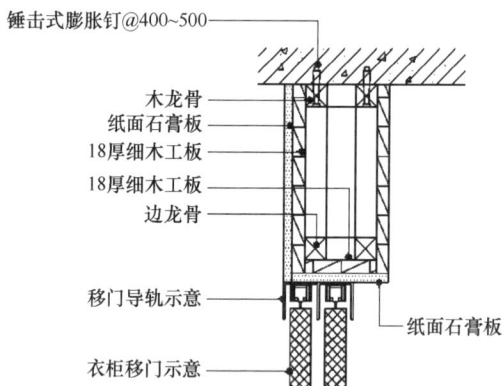

锤击式膨胀钉@400~500
木龙骨
纸面石膏板
18厚细木工板
18厚细木工板
边龙骨
移门导轨示意
纸面石膏板
衣柜移门示意

② 明露式导轨

工艺说明：基层高度不得大于300；设计有防潮要求的，在钉装龙骨前应进行涂刷防潮施工；刷防潮层的施工木龙骨安装前进行防腐处理，安装应牢固。

010137 L形转角门墩门套基层密拼做法

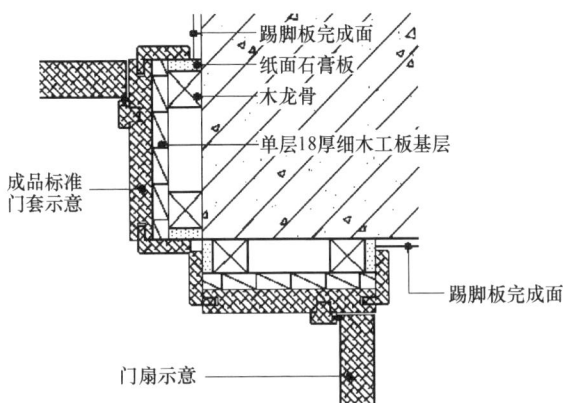

踢脚板完成面
纸面石膏板
木龙骨
单层18厚细木工板基层

成品标准
门套示意

踢脚板完成面

门扇示意

① 标准门套

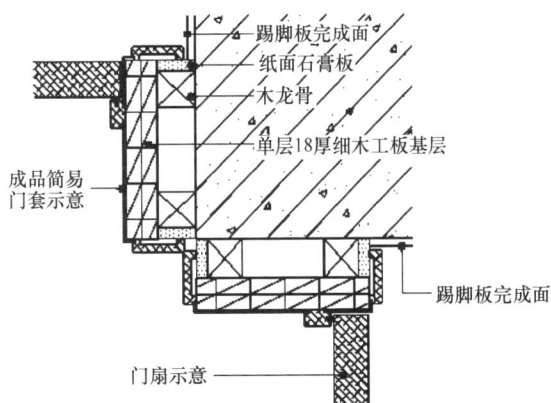

踢脚板完成面
纸面石膏板
木龙骨
单层18厚细木工板基层

成品简易
门套示意

踢脚板完成面

门扇示意

② 简易门套

工艺说明：木龙骨做好防腐处理，成品门套背面刷防潮漆。

010138 一字形门墩门套基层做法

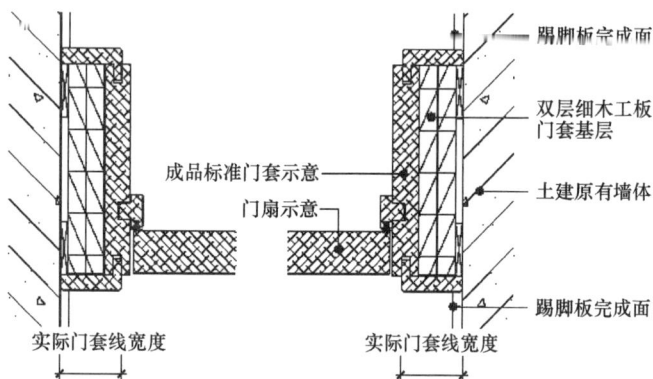

图 ①

右侧标注（从上到下）：
踢脚板完成面
双层细木工板门套基层
土建原有墙体
踢脚板完成面

中间标注：
成品标准门套示意
门扇示意

下方标注：
实际门套线宽度   实际门套线宽度

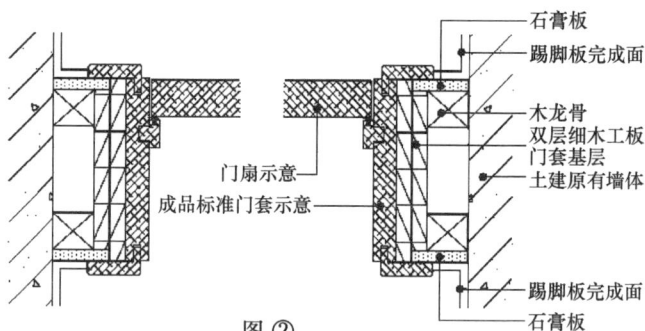

图 ②

右侧标注（从上到下）：
石膏板
踢脚板完成面
木龙骨
双层细木工板门套基层
土建原有墙体
踢脚板完成面
石膏板

中间标注：
门扇示意
成品标准门套示意

工艺说明：（1）细木工板邻洞口一侧涂刷防火涂料，木龙骨必须防腐液浸泡；（2）细木工板侧面底端距离门槛完成面预留10mm 距离。

010139　进户门半门套基层做法

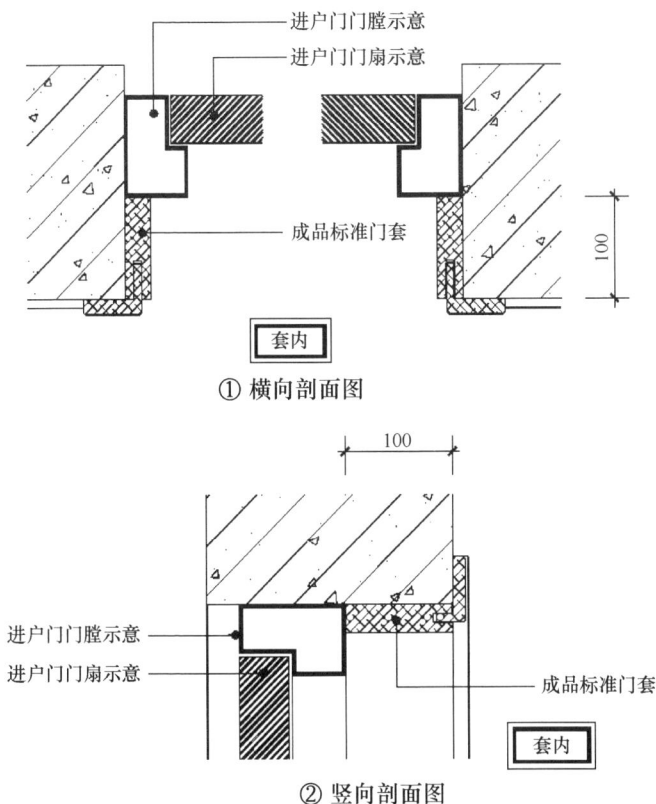

进户门门腔示意

进户门门扇示意

成品标准门套

100

套内

① 横向剖面图

100

进户门门腔示意

进户门门扇示意

成品标准门套

套内

② 竖向剖面图

工艺说明：根据设计图纸要求，找好标高、平面位置、竖向尺寸，进行弹线；检查洞口的位置、尺寸是否方正垂直，与设计要求是否相符。

010140 进户门内外标高留置做法

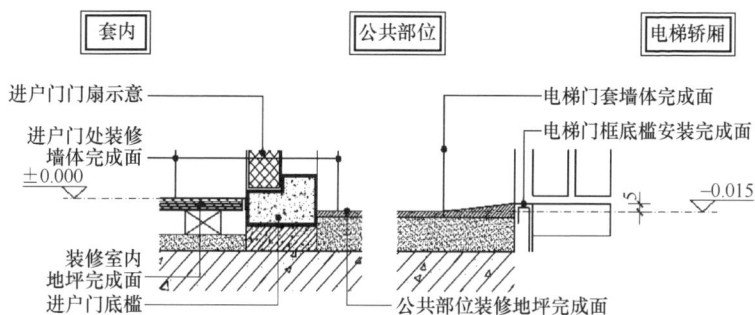

进户门内外标高留置做法

工艺说明：检查门洞尺寸及标高、开启方向是否符合设计要求；电梯门入口处做好自然斜坡处理。

010141 石材与墙纸拼接收口

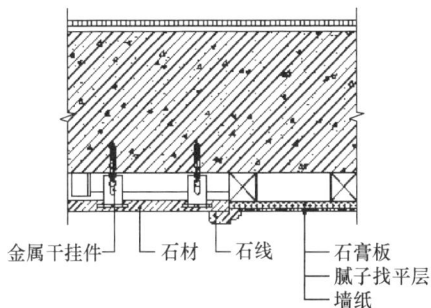

金属干挂件 石材 石线 石膏板
腻子找平层
墙纸

工艺说明：造型石线加工时为达到收口美观，在与墙纸接合处预留槽位，方便墙纸收口压入槽内，达到收口美观的效果。

010142　石材与石饰线拼接收口

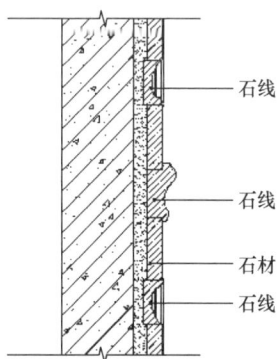

石线

石线

石材
石线

工艺说明：造型石线加工时须预留槽位与石材拼接，达到收口美观。

010143　木材与木材的拼接收口

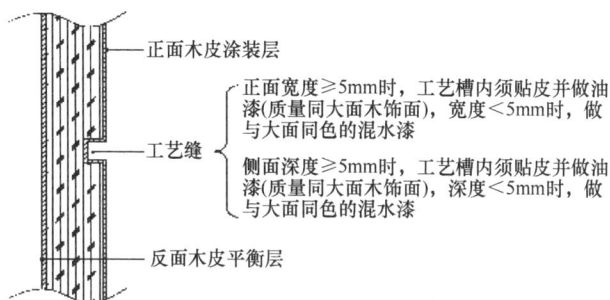

正面木皮涂装层

正面宽度≥5mm时，工艺槽内须贴皮并做油漆(质量同大面木饰面)，宽度＜5mm时，做与大面同色的混水漆

工艺缝

侧面深度≥5mm时，工艺槽内须贴皮并做油漆(质量同大面木饰面)，深度＜5mm时，做与大面同色的混水漆

反面木皮平衡层

工艺说明：墙身大面积木饰面工艺槽，可以使大面积木饰面接口达到整齐、平直的效果。

010144　木材与玻璃拼接收口

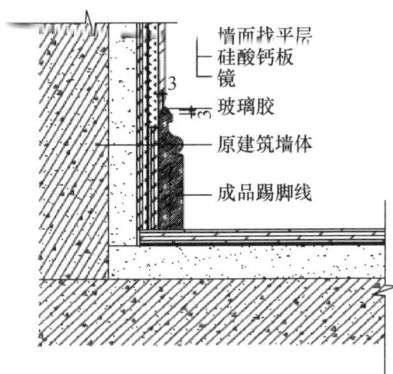

情面找平层
硅酸钙板
镜
玻璃胶
原建筑墙体
成品踢脚线

工艺说明：木饰面与玻璃镜接口的做法可使接口达到整齐、平直的效果。

010145 墙体阴阳角做法

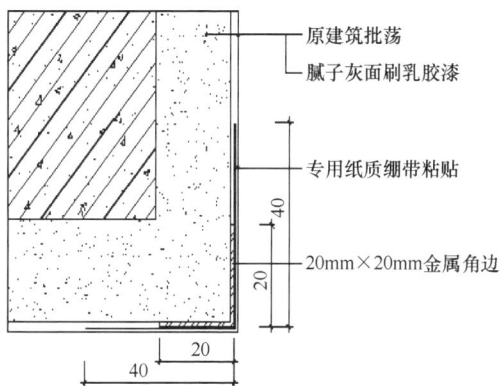

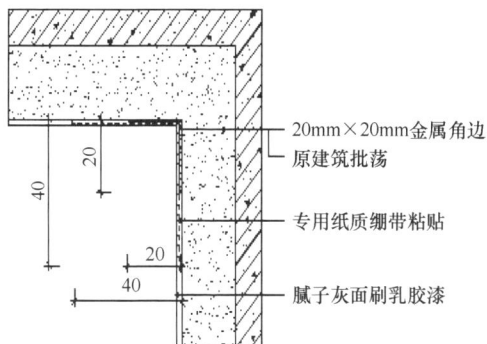

原建筑批荡
腻子灰面刷乳胶漆

专用纸质绷带粘贴

20mm×20mm金属角边

原建筑批荡

20mm×20mm金属角边
原建筑批荡

专用纸质绷带粘贴

腻子灰面刷乳胶漆

工艺说明：利用金属造型材料做底部处理，可以使墙角达到平直效果。

010146　窗帘盒节点

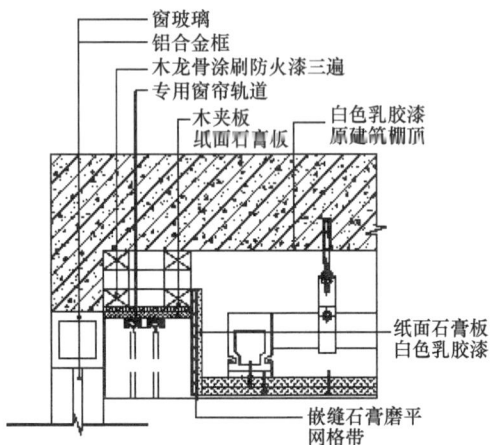

窗玻璃
铝合金框
木龙骨涂刷防火漆三遍
专用窗帘轨道
木夹板
纸面石膏板
白色乳胶漆
原建筑棚顶
纸面石膏板
白色乳胶漆
嵌缝石膏磨平
网格带

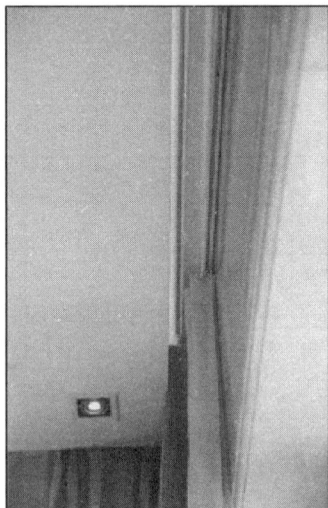

工序： 设置凹槽式窗帘盒，将导轨收纳其内，使整体效果达到整洁、美观。

010147 消防栓安装收口

施工图:

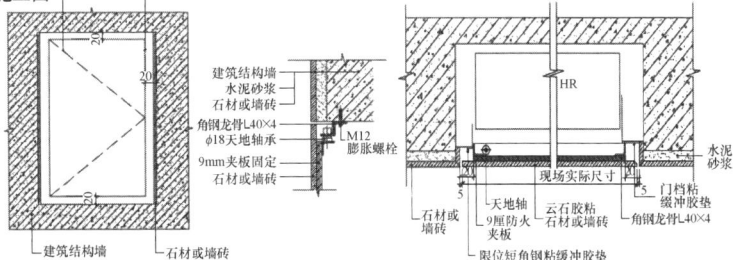

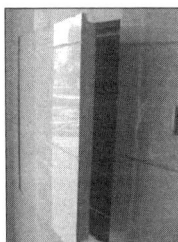

工艺说明:(1)国标角钢龙骨 L40×4 焊接消火栓装饰门内框架,要求用直角尺测量使框架四角成 90°直角焊点用防锈漆做三道防锈处理。在上下边框上弹出垂直线,用 φ18 天地轴将框架固定于上下边框上,并做好调整,使之加上基层夹板及石材厚度能自由开启。(2)用云石将石材粘贴在钢架上。每块石材的粘结点不得少于 4 个,每个粘结点的面积不小于 40mm×40mm,胶缝厚度为 5mm 为宜。(3)用 30mm 专用自攻钉将经过防火处理的十二厘夹板固定在背侧角钢架上,再喷漆作美观处理。(4)关闭消防栓门使石桥表面与墙面石材相平,确定消防栓门的门档位置,并安装吸附式门碰。

010148 管道井门安装收口

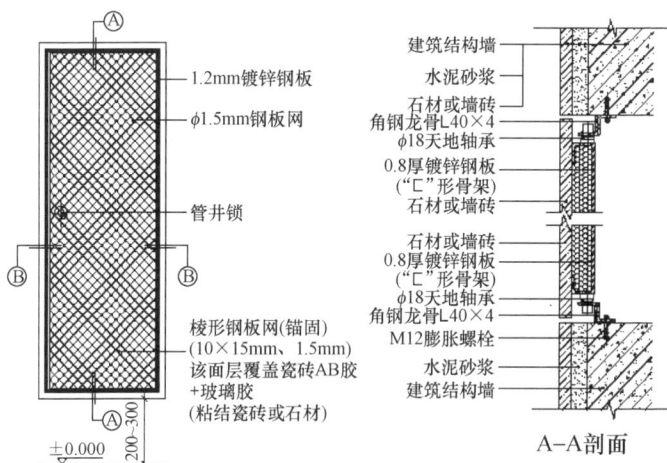

建筑结构墙
水泥砂浆
石材或墙砖
角钢龙骨L40×4
φ18天地轴承
0.8厚镀锌钢板
("匚"形骨架)
石材或墙砖

石材或墙砖
0.8厚镀锌钢板
("匚"形骨架)
φ18天地轴承
角钢龙骨L40×4
M12膨胀螺栓
水泥砂浆
建筑结构墙

A-A剖面

1.2mm镀锌钢板
φ1.5mm钢板网

管井锁

棱形钢板网(锚固)
(10×15mm、1.5mm)
该面层覆盖瓷砖AB胶
+玻璃胶
(粘结瓷砖或石材)

±0.000   200~300

工艺说明：管道井门安装暗门做法，可使整体墙身装饰达到整齐、平直的效果。

010149 石材窗套收口

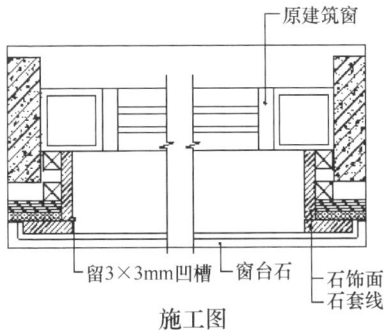

施工图

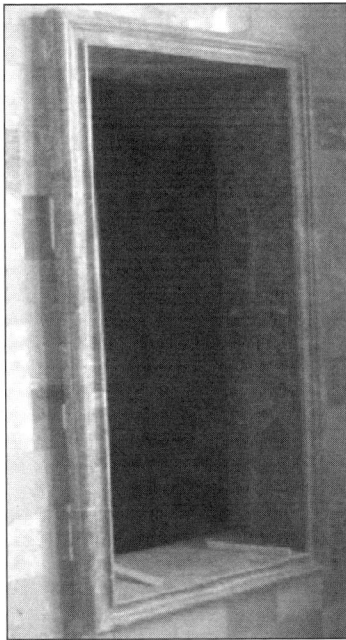

工艺说明：石材窗套与铝合金窗框接口做法，可使整体观感达到美观的效果。

010150　室内普通楼地面石材施工示意图

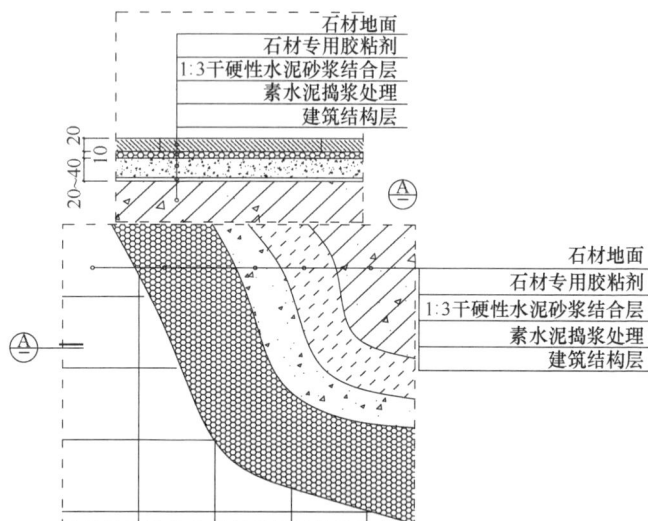

石材地面
石材专用胶粘剂
1:3干硬性水泥砂浆结合层
素水泥捣浆处理
建筑结构层

20 40-20
10
20-40 20

石材地面
石材专用胶粘剂
1:3干硬性水泥砂浆结合层
素水泥捣浆处理
建筑结构层

　　工艺说明：石材需做六面防护，石材六面防护需纵横各一遍，待第一遍防护干了以后开始刷第二遍防护，干后进行下道工序。大理石应先铲除背后网格布后再进行六面防护。石材面层铺贴前应用专用锯齿状胶刮刀背面刮一层粘结剂，晾干后再进行铺贴。浅色石材应采用白色石材专用粘结剂。

010151 室内厨卫地面石材施工示意图

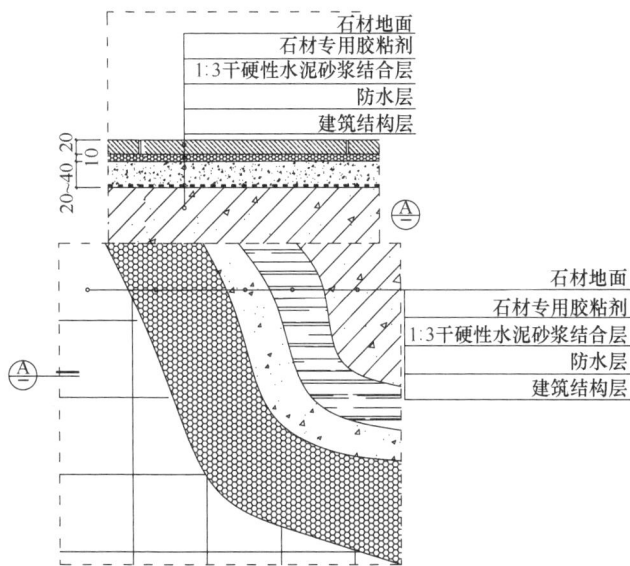

石材地面
石材专用胶粘剂
1:3干硬性水泥砂浆结合层
防水层
建筑结构层

石材地面
石材专用胶粘剂
1:3干硬性水泥砂浆结合层
防水层
建筑结构层

工艺说明：准备工作：①大理石背网铲除；②六面防护；③专业胶粘剂拉毛→弹线→核对编号→根据安装图试拼→基层处理（清理浮灰及刷素水泥浆）→水泥砂浆结合层→石材专用胶粘剂→铺地面石材→开缝→石材专用胶调色补胶→晶面处理。

010152 阳台地面石材（砖）施工示意图

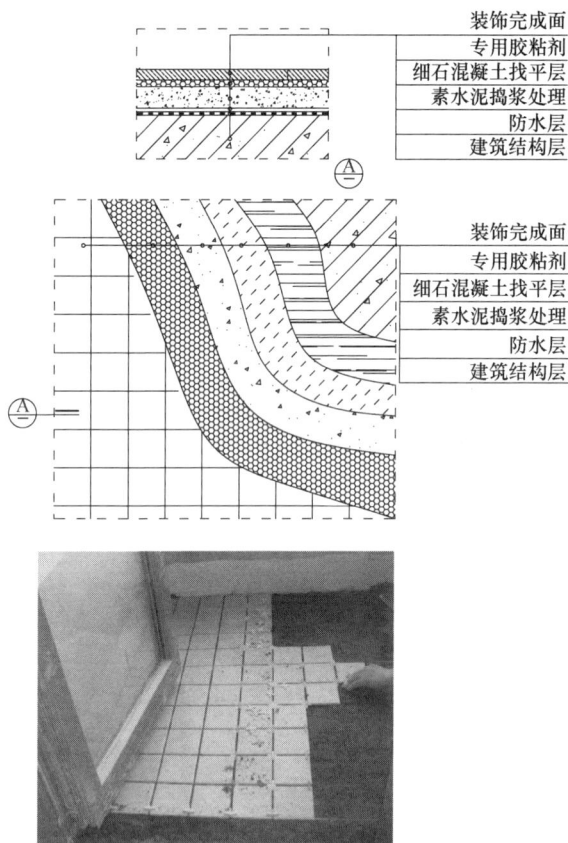

装饰完成面
专用胶粘剂
细石混凝土找平层
素水泥捣浆处理
防水层
建筑结构层

$\underline{A}$

装饰完成面
专用胶粘剂
细石混凝土找平层
素水泥捣浆处理
防水层
建筑结构层

$\underline{A}$

工艺说明：地面基层需用细石混凝土（或水泥砂浆湿浆）进行找平，并做找坡处理，找坡率 0.3%～0.5%。（湿铺法）；石材（砖）铺贴时应用专用锯齿状批刀背面刮专用胶粘剂进行铺贴，粘结层厚度约 10mm。

010153　瓷砖水泥砂浆施工（干法施工）

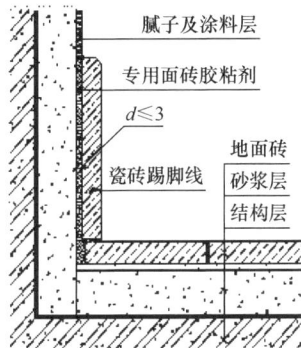

地砖砂浆干法铺贴做法节点、瓷砖
踢脚线与地砖铺贴做法节点

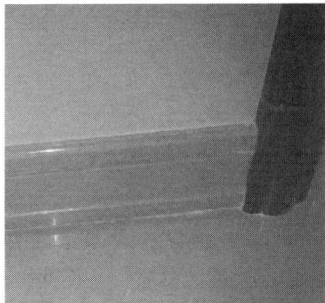

石材踢脚线与地砖/石材铺贴节点

　　工艺说明：（1）砖无变形、无色差；（2）地面湿水，墙砖浸泡时间控制；（3）控制好瓷砖空鼓；（4）房间地砖密拼铺贴；（5）清缝沟缝密实、无孔洞；（6）做好阳角保护。

010154　瓷砖水泥砂浆施工（湿法施工）

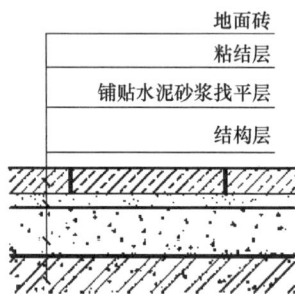

地面砖

粘结层

铺贴水泥砂浆找平层

结构层

墙砖/地砖砖湿法铺贴

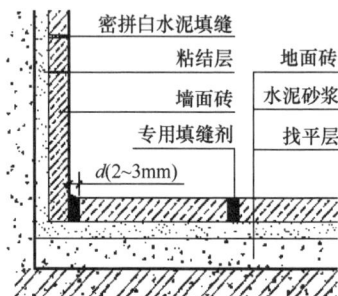

密拼白水泥填缝

粘结层

墙面砖

专用填缝剂

d(2~3mm)

地面砖

水泥砂浆

找平层

卫生间墙砖与地砖铺贴节点

工艺说明：（1）砖无变形、无色差；（2）墙地砖浸泡时间控制；（3）控制好瓷砖空鼓；（4）地砖拼缝宜控制在2~3mm，墙砖密拼；（5）清缝勾缝密实无孔洞；（6）做好阳角保护；（7）玻化砖做墙面时必须采用专用胶粘剂粘贴。

010155 卫生间地漏施工示意图

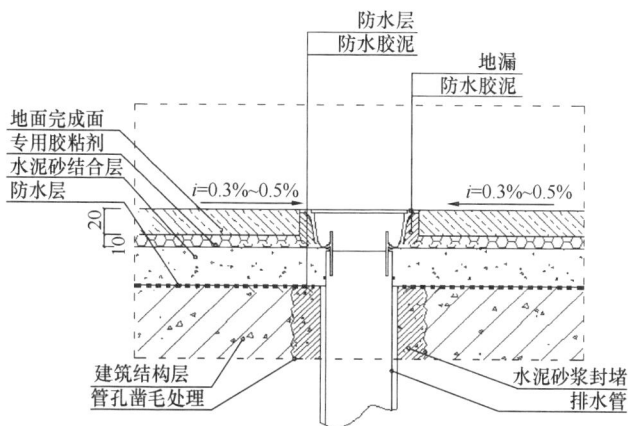

工艺说明：

(1) 楼板开孔需大于排水管管径 40~60mm，孔壁需进行凿毛处理。需用专用模具支撑，浇捣需用水泥砂浆分二次以上封堵浇捣密实。

(2) 地漏的排水管口标高应根据地漏型号确定，使排水管与地漏连接紧密。地漏安装时周边的砂浆应填充密实。

(3) 地漏、排水管口径需符合排水流量要求，排水管需设置存水弯。

010156 移门式沐浴房石材施工示意图

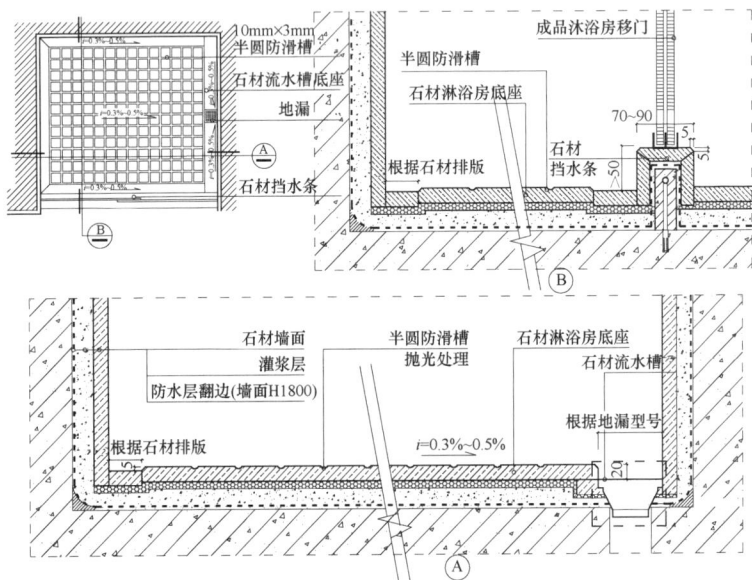

工艺说明：(1) 淋浴房挡水条需先弹线，结构楼面预植 ϕ6mm 圆钢，间距不大于 300mm，在顶端处焊接 ϕ6mm 圆钢连接，制模浇捣翻边，翻边处地面应预先凿毛，采用细石混凝土浇捣，挡水翻边与墙体交接处应伸入墙体 20mm，并与地面统一作防水处理。靠墙安装的玻璃开门五金合页，需预埋 3mm 厚镀锌铁件与结构墙体固定。

(2) 挡水条靠淋浴房侧需做止口及倒坡，挡水条与墙面交接处需用云石胶嵌实。地沟宽度应根据地漏规格确定。淋浴房石材需用湿铺工艺铺贴。

010157　开门式沐浴房石材施工示意图

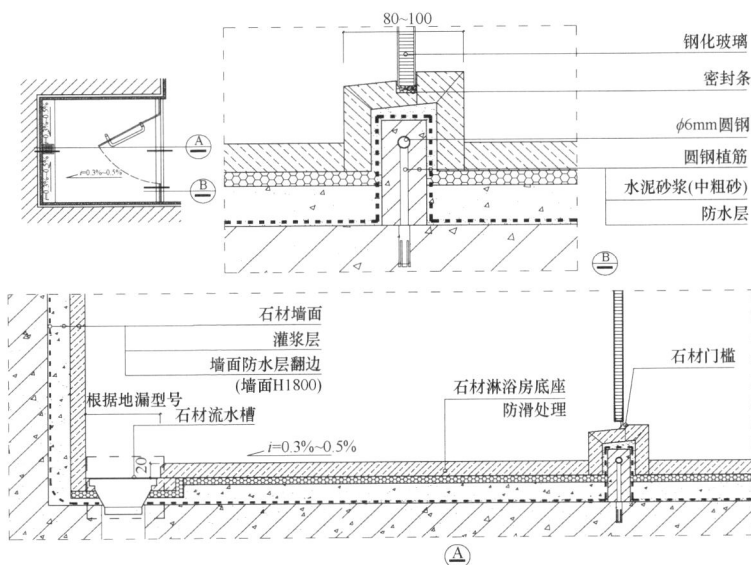

钢化玻璃
密封条
ϕ6mm圆钢
圆钢植筋
水泥砂浆(中粗砂)
防水层

80~100

石材墙面
灌浆层
墙面防水层翻边
(墙面H1800)
根据地漏型号
石材流水槽
石材淋浴房底座
防滑处理
石材门槛
i=0.3%~0.5%

工艺说明：

(1) 淋浴房挡水条需先弹线，结构楼面预植 ϕ6mm 圆钢，间距不大于300mm，在顶端处焊接 ϕ6mm 圆钢连接，制模浇捣翻边，翻边处地面应预先凿毛，采用细石混凝土浇捣，挡水翻边与墙体交接处应伸入墙体20mm，并与地面统一作防水处理。靠墙安装的玻璃开门五金合页，需预埋3mm 厚镀锌铁件与结构墙体固定。

(2) 挡水条靠淋浴房侧需做止口及倒坡，挡水条与墙面交接处需用云石胶嵌实。地沟宽度应根据地漏规格确定。淋浴房石材采用湿铺。

010158 厨卫门套根部防水防潮施工示意图

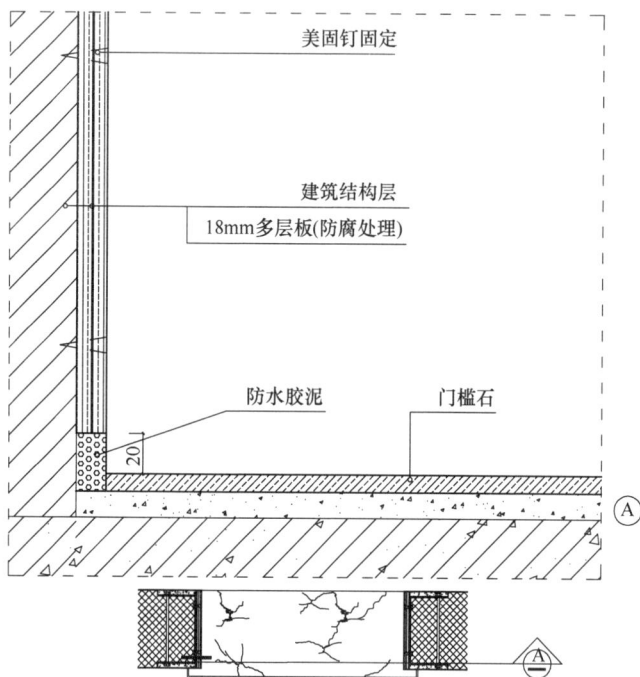

工艺说明：

（1）卫生间、厨房间门框基层板根部离门槛石面留缝约20mm，根部用防水胶泥填实，以防止水气渗入门框内引起油漆饰面变形发霉。

（2）门框基层需进行三防处理（防火、防腐、防潮）。

010159 门及门槛石做法

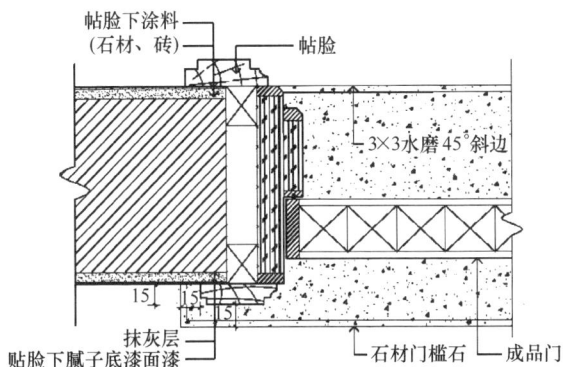

帖脸下涂料（石材、砖）

帖脸

3×3水磨45°斜边

抹灰层

贴脸下腻子底漆面漆

石材门槛石

成品门

15 15 15

有入户花园门套贴脸与装饰面门槛石

工艺说明：所有门贴脸均和装饰面预留0～1.5mm缝隙，收口美观；施工过程中需注意入户门外与户内、入户花园标高的关系、其他户内门与装饰面标高的关系、门贴脸和墙面装饰面的关系。

010160　阳台铝合金门节点做法

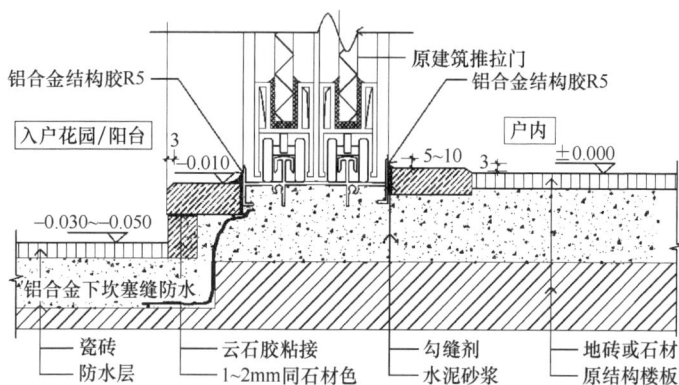

铝合金结构胶R5
入户花园/阳台
3
-0.010
-0.030～-0.050
铝合金下坎塞缝防水
原建筑推拉门
铝合金结构胶R5
户内
5～10
3
±0.000
瓷砖
防水层
云石胶粘接
1～2mm同石材色
勾缝剂
水泥砂浆
地砖或石材
原结构楼板

工艺说明：

（1）瓷砖和铝合金边框可直接收口，户内侧铝合金下坎边框与室内瓷砖、石材设5～10mm的高差，防止杂物掉入铝合金轨道中。

（2）阳台侧铝合金框边和石材、瓷砖高差20mm，不能堵住铝合泄水孔。

010161　钢制入户门节点做法

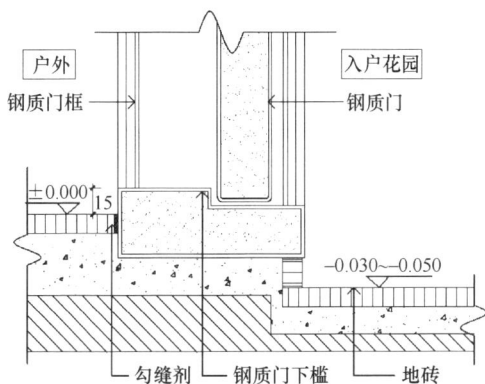

户外　钢质门框　入户花园　钢质门

±0.000　15　−0.030～−0.050

勾缝剂　钢质门下槛　地砖

有入户花园钢制入户门

工艺说明：使用成品钢门不锈钢下坎，门缝小、收口美观、施工简单方便。

010162　厨卫门套、门槛石安装示意图

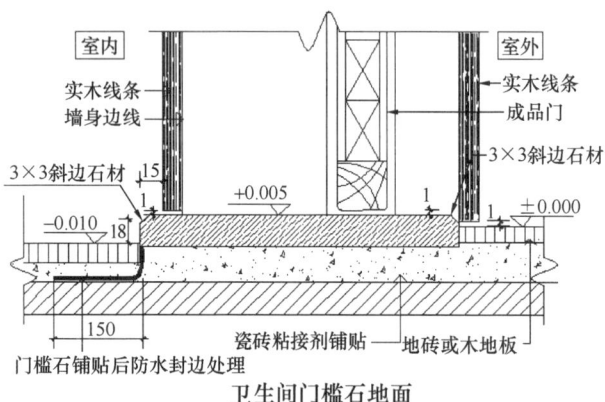

卫生间门槛石地面

工艺说明：

（1）门槛石用专用粘结剂铺贴。石材门槛与地板交接处留3mm缝注耐候胶（颜色同地板或门槛石的色系）。

（2）为避免门套受潮发霉，门套及门套线安装在门槛石上，门套线根部留3mm缝注耐候胶（颜色与门套线同色系或按设计要求）。

010163 楼梯地面石材饰面示意图

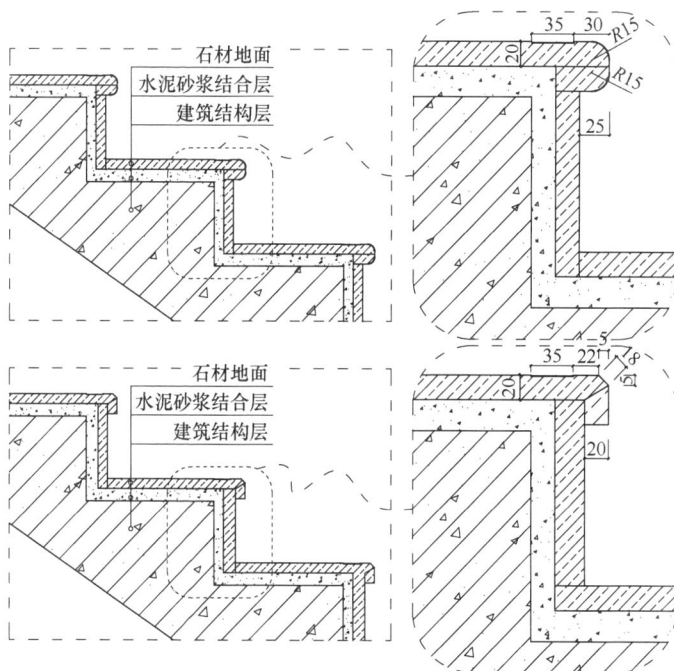

石材地面
水泥砂浆结合层
建筑结构层

石材地面
水泥砂浆结合层
建筑结构层

工艺说明：大理石楼梯施工需按设计图纸要求于现场弹线，线型及防滑条的形式需按设计要求施工。

010164 地毯与踢脚线收口示意图

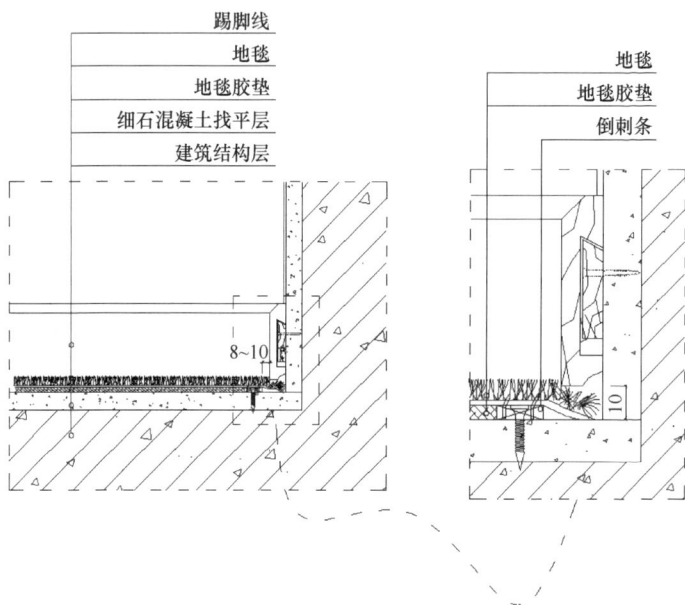

踢脚线
地毯
地毯胶垫
细石混凝土找平层
建筑结构层

地毯
地毯胶垫
倒刺条

8~10

10

工艺说明：地毯地面须采用水泥砂浆找平处理，待完全干透后，方可铺设地毯。踢脚线根部需预留8～10mm的缝隙（根据地毯的厚度），地毯胶垫须符合室内环保及防火要求。

工序：基层处理→弹线、套方、分格、定位→地毯剪裁→钉倒刺板挂毯条→铺设衬垫→铺设地毯→细部处理及清理。

010165 地面地毯与石材拼铺界面示意图

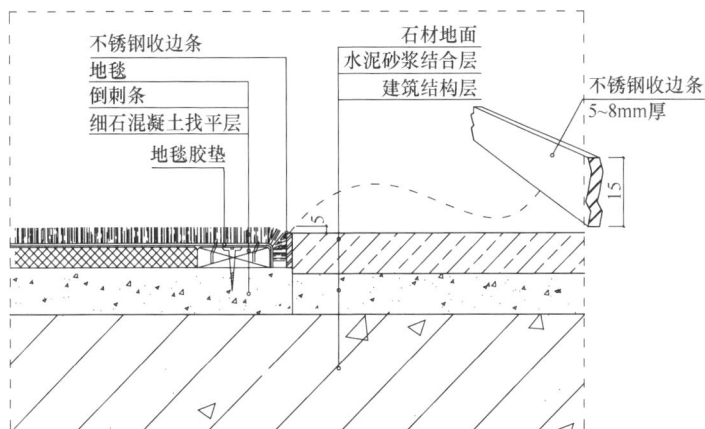

不锈钢收边条
地毯
倒刺条
细石混凝土找平层
地毯胶垫

石材地面
水泥砂浆结合层
建筑结构层

不锈钢收边条
5~8mm厚

工艺说明：为使接缝处地面收口美观，地毯与大理石交接处采用5~8mm厚×15mm高不锈钢收边处理，不锈钢与石材用AB胶粘结。

010166 木地板龙骨安装

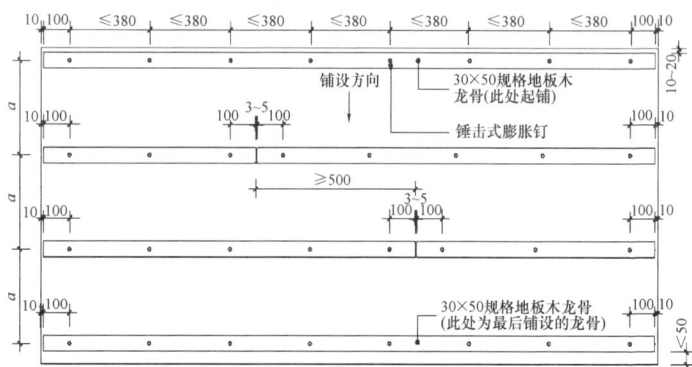

地板木龙骨铺设平面

干法地暖龙骨开槽

工艺说明：（1）龙骨端头距墙面留置10mm间隙，沿龙骨方向邻墙龙骨侧面距墙面留置10~20mm间隙，如模数原因，最后一根龙骨与墙面间距无法留置10~20mm间隙，则最大间隙不得超过50mm，龙骨与龙骨接缝留置3~5mm间隙，相邻龙骨接缝的间距须大于等于500mm；（2）锤击式膨胀钉距龙骨端头小于等于100mm，钉与钉的间距小于等于380mm；（3）锤击式膨胀钉的规格为M10×100，如因特殊情况地面不做找平层，且龙骨不做垫高处理，考虑到楼板厚度，避免打穿可以使用M10×80规格的锤击式膨胀钉。

010167 木地板安装

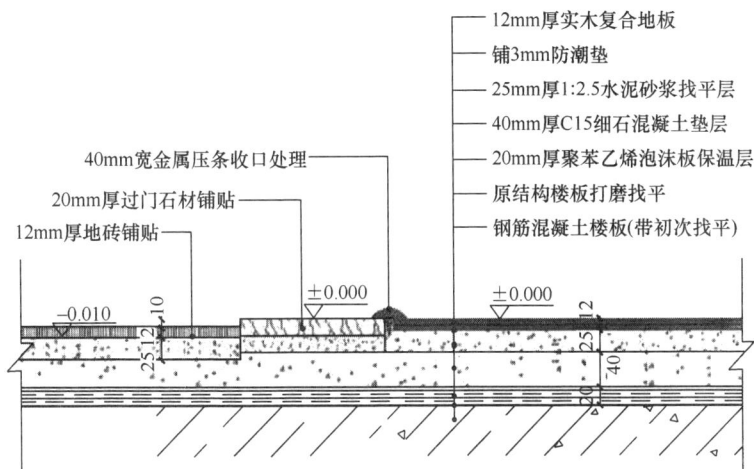

- 12mm厚实木复合地板
- 铺3mm防潮垫
- 25mm厚1:2.5水泥砂浆找平层
- 40mm厚C15细石混凝土垫层
- 20mm厚聚苯乙烯泡沫板保温层
- 原结构楼板打磨找平
- 钢筋混凝土楼板(带初次找平)

- 40mm宽金属压条收口处理
- 20mm厚过门石材铺贴
- 12mm厚地砖铺贴

−0.010 ±0.000 ±0.000

实木地板与地砖之间过门石收口处节点详图

工艺说明：(1) 龙骨端头距墙面留置10mm间隙，沿龙骨方向邻墙龙骨侧面距墙面留置10～20mm间隙，如模数原因，最后一根龙骨与墙面间距无法留置10～20mm间隙，则最大间隙不得超过50mm，龙骨与龙骨接缝留置3～5mm间隙，相邻龙骨接缝的间距须大于等于500mm；(2) 锤击式膨胀钉距龙骨端头小于等于100mm，钉与钉的间距小于等于380mm；(3) 锤击式膨胀钉的规格为M10×100，如因特殊情况地面不做找平层，且龙骨不做垫高处理，考虑到楼板厚度，避免打穿可以使用M10×80规格的锤击式膨胀钉。

010168 木地板节点图

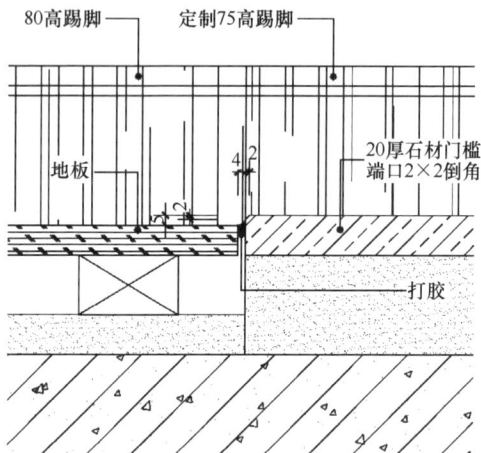

石材与地板打胶交接节点图

工艺说明：

（1）本节点可以用于石材门槛与地板交接，也可以用于玄关石材地面与地板交接；

（2）用于玄关石材地面与地板交接时，需要注意地板完成面与石材完成面的高度差，踢脚线需要找厂家定制高度少5mm的踢脚线用于石材部位。

010169 实木地板与踢脚线收口示意图

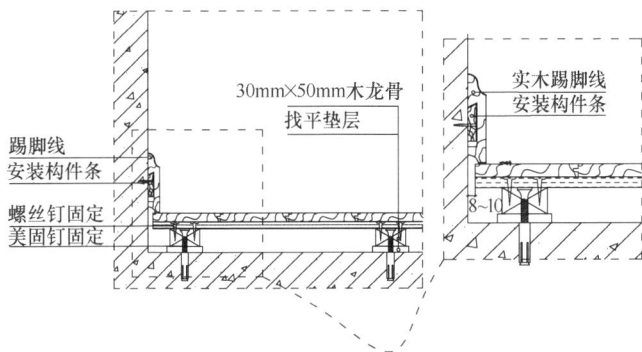

工艺说明：

(1) 踢脚线要求工厂加工，现场安装，6m 内不得拼接，接缝应留在活动家具等隐蔽部位。阴阳角需作 45° 拼接，采用卡式安装，不得在表面用枪钉固定。

(2) 成品踢脚木皮厚度应不低于 60℃，油漆需符合环保要求。

(3) 成品踢脚背面必须刷防潮漆或贴平衡纸。

(4) 踢脚阳角收口应在工厂制作完成后现场安装。

(5) 踢脚应在墙面批灰打磨完成后安装。

(6) 地板与大理石围边、门槛石部位需留 3mm 缝隙，并采用与地板同色系的耐候胶填缝，墙体边沿（踢脚线内）预留 8～10mm 伸缩缝。

010170 楼梯地面木地板饰面示意图

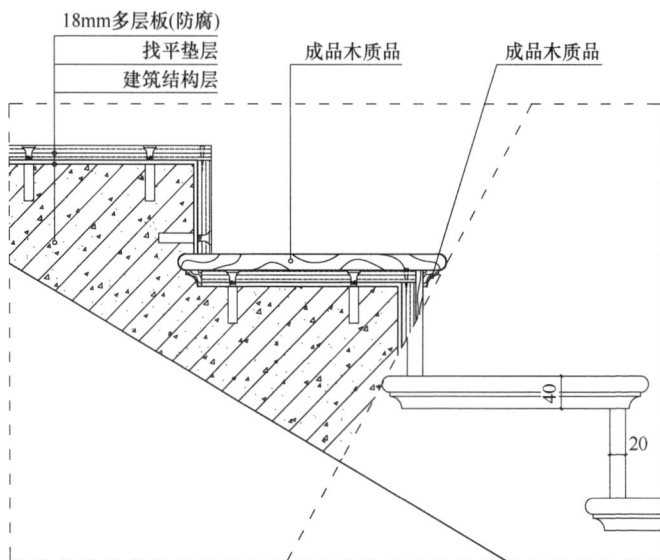

```
18mm多层板(防腐)
找平垫层                        成品木质品           成品木质品
建筑结构层
```

工艺说明：

（1）楼梯实木踏板应工厂化加工（含水率应符合当地的湿度），油漆面符合耐磨性要求，采用 AB 胶与木基层板粘结固定，木基层板作三防处理（防火、防潮、防虫）。

（2）楼梯踏板背面需用封底漆封闭，以防止变形。

（3）楼梯踏板收口线型应避免方角，以防止使用磨损。

010171　地面卫生间同层排水施工示意图

石材或瓷砖
水泥砂浆层
防水层
细石混凝土浇捣
ϕ4mm冷拔钢@100×100
陶粒或珍珠岩填层
防水层

卧室

卫生间

60

建筑结构层

排污管水泥砂浆固定

水泥砂浆定位

工艺说明：

（1）原建筑结构面需进行防水处理，并做楼地面盛水试验。

（2）排污管定位后用水泥砂浆固定，用陶粒或珍珠岩填层，上部需浇捣钢筋混凝土楼板，四周用圆钢植筋，再进行统一墙地面防水处理。

010172　防水基层处理示意图

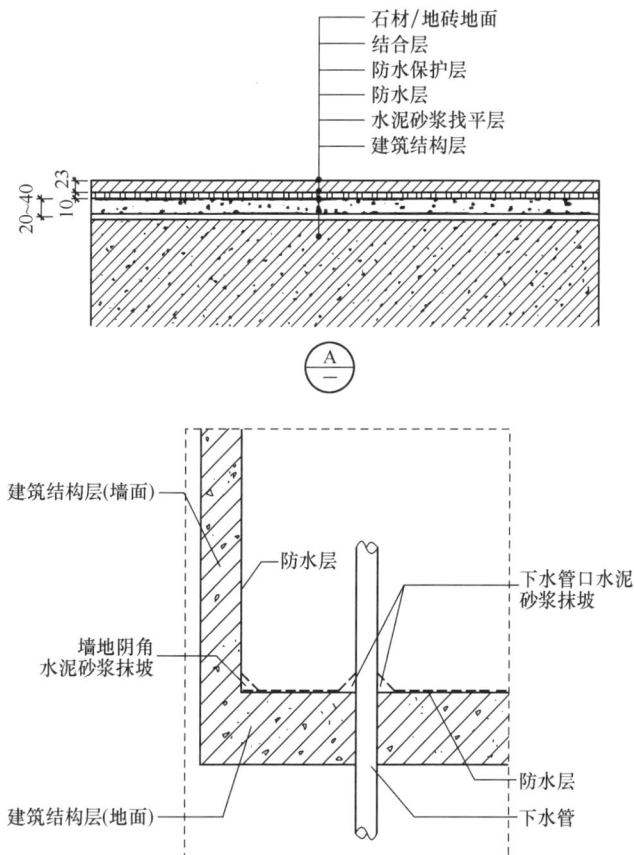

石材/地砖地面
结合层
防水保护层
防水层
水泥砂浆找平层
建筑结构层

20~40
10
23

$\underset{—}{\textcircled{A}}$

建筑结构层(墙面)

防水层

下水管口水泥
砂浆抹坡

墙地阴角
水泥砂浆抹坡

防水层

建筑结构层(地面)

下水管

工艺说明：（1）原基层清理；（2）水泥砂浆找平层；（3）防水；（4）防水保护层，高度到地面砖或石材结合层。

第二节 墙柱面装饰工程

010201 一般抹灰面层

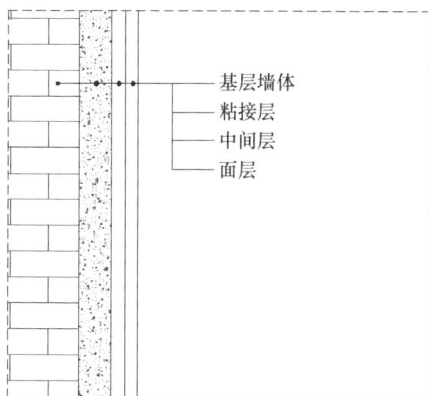

```
——基层墙体
——粘接层
——中间层
——面层
```

工艺说明：常用材料有石灰砂浆、水泥砂浆和混合砂浆等，底层应平整、清理干净，无空洞，抹灰应分层进行，不宜过厚，不同材料基体交接处抹灰，应采取防止开裂的加强措施。

010202　石材干挂安装

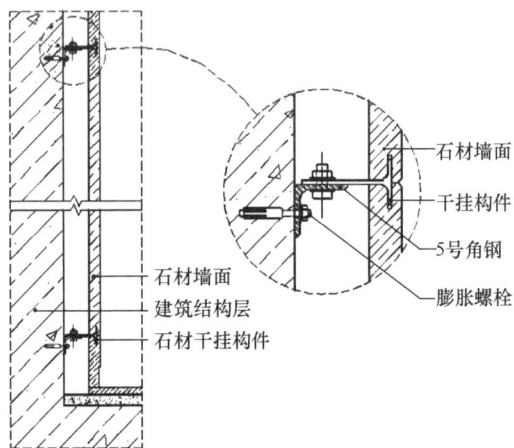

石材墙面
干挂构件
5号角钢
膨胀螺栓

石材墙面
建筑结构层
石材干挂构件

工艺说明：所有型钢规格符合国家标准，镀锌处理，焊接部位作防锈处理。不锈钢石材挂件钢号为202以上，沿海项目需采用304钢号连接配件。石材厚度要求在20mm以上。

010203 石材灌浆安装

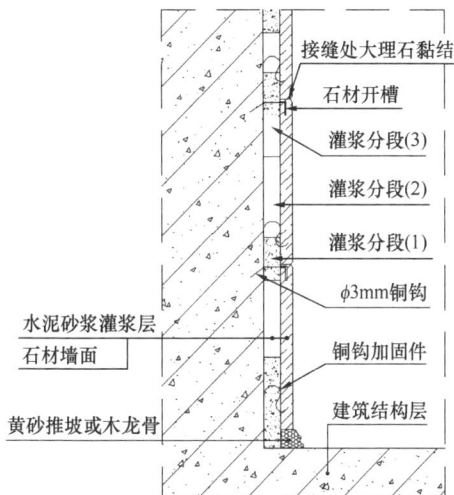

工艺说明：墙面石材采用湿挂灌浆工艺，用铜丝连接分层灌浆形式安装，第三层灌浆至低于石板上口 50mm 处为止。石材采用 32.5 级普通硅酸盐水泥混合中砂或粗砂（含泥量不大于 3%），1：3 配比作为结合层。

010204 石材木基层粘贴安装

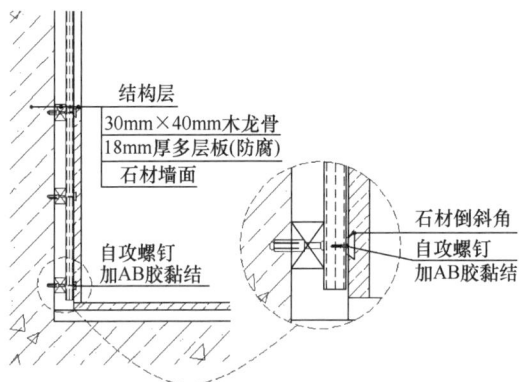

工艺说明：石材面与木基层结合须用 AB 胶粘结并结合不锈钢自攻螺钉使其固定，石材背面应挖成倒八字形孔，木基层需作防腐处理。

010205　面砖铺贴

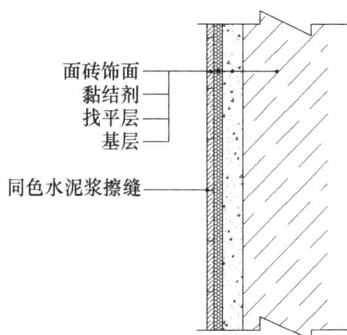

面砖饰面
黏结剂
找平层
基层

同色水泥浆擦缝

> 工艺说明：墙面面砖的饰面施工，应先做好放样排版；倒角处理应精细，保持角度一致，不碎角；面砖的背部宜做预处理，保证面砖与基层的黏结强度，防止空鼓。

010206　陶瓷锦砖铺贴

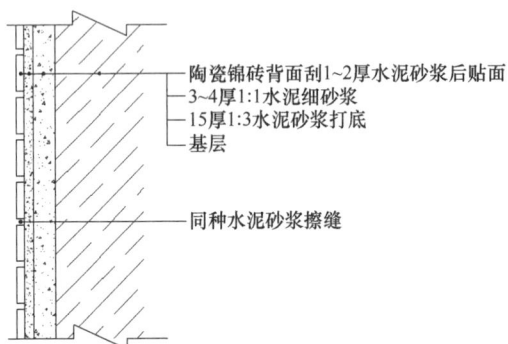

陶瓷锦砖背面刮1~2厚水泥砂浆后贴面
3~4厚1:1水泥细砂浆
15厚1:3水泥砂浆打底
基层

同种水泥砂浆擦缝

工艺说明：贴陶瓷锦砖前应放出施工大样，根据高度弹出若干条水平线以及垂直线。陶瓷锦砖贴完后，将水拍板紧靠衬纸面层，用小锤敲木板，做到满拍、轻拍、拍实、拍平，使其粘结牢固、严整。

010207 轻钢龙骨石膏板隔墙

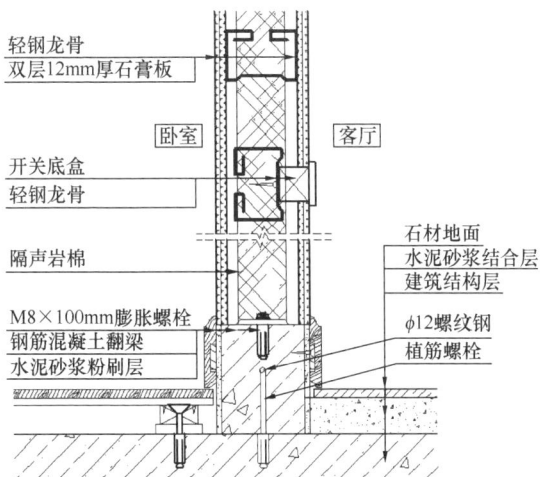

轻钢龙骨
双层12mm厚石膏板

卧室　客厅

开关底盒
轻钢龙骨

隔声岩棉

M8×100mm膨胀螺栓
钢筋混凝土翻梁
水泥砂浆粉刷层

石材地面
水泥砂浆结合层
建筑结构层

φ12螺纹钢
植筋螺栓

工艺说明：较潮湿环境隔墙底部宜设置混凝土翻边地梁；石膏板表面自攻螺钉应做防锈处理；双层隔音棉填充应均匀密实，竖龙骨凹槽处应填实。

010208 木龙骨人造板基层硬包安装

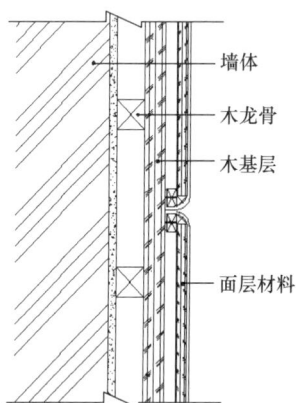

墙体
木龙骨
木基层
面层材料

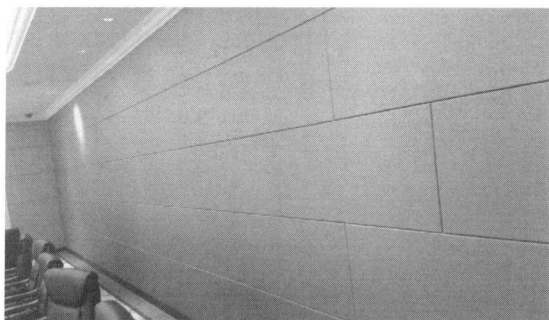

工艺说明：硬包宜采用工厂化制作，现场安装；硬包基层板宜用9厘板或12厘板，饰面材料宜采用阻燃型布艺、人造皮革或真皮；在硬包拼装过程中，应加强检查验收工作，及时调整捻边松紧及边缝宽窄。

010209 墙面软包安装

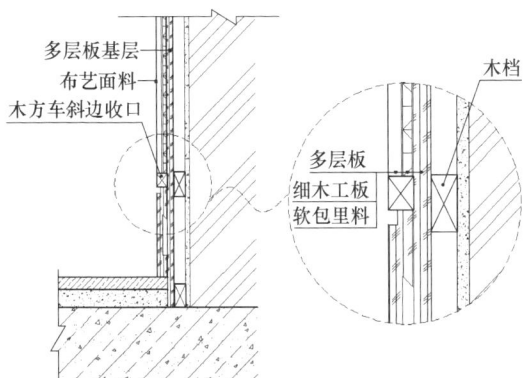

工艺说明：面料、木基层、海绵经阻燃处理，达到防火要求；软包应设置边框，框内填充海绵，用强力胶黏结；面料应对花纹布置，安装时应衬底布，拼装应挺括、无波纹起伏、褶皱。

010210　墙面软包收边节点

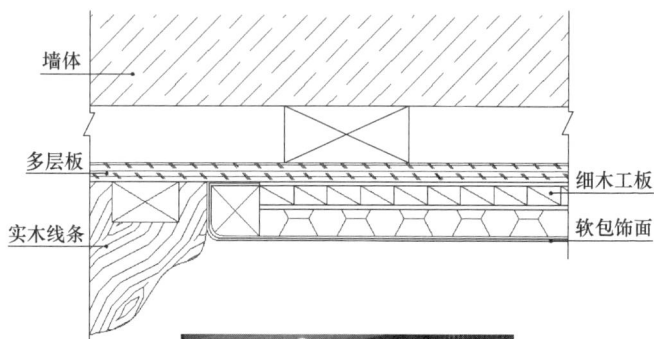

标注：
- 墙体
- 多层板
- 实木线条
- 细木工板
- 软包饰面

工艺说明：收边线条由工厂加工制作，应确保尺寸准确、边角顺直，防止变形，木饰面线条采用卡式固定，并与基层黏合，且与软包层接缝应严密。

010211 墙面裱糊施工

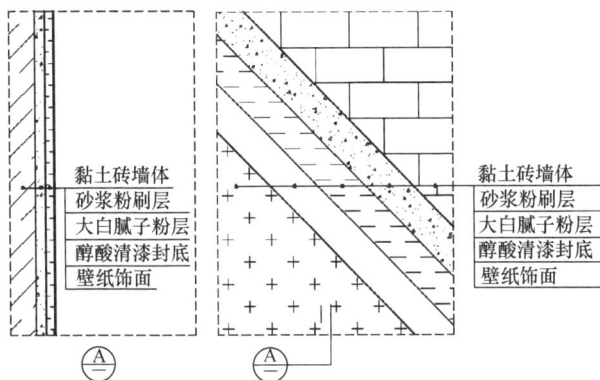

黏土砖墙体
砂浆粉刷层
大白腻子粉层
醇酸清漆封底
壁纸饰面

黏土砖墙体
砂浆粉刷层
大白腻子粉层
醇酸清漆封底
壁纸饰面

工艺说明：墙面批灰基层完成后需刷醇酸清漆（或基膜）两遍，批灰腻子里需加10%的清漆。在墙面管线槽部位、砌体开裂部位，先采用专用界面剂处理，再用专用修补砂浆修补。对湿度较大的房间和经常潮湿的墙体不得采用壁纸。壁纸修补不得采用局部挖补法，应整幅更换。壁纸铺贴完成24h内不得通风开窗、开启空调。

010212　墙面涂料施工

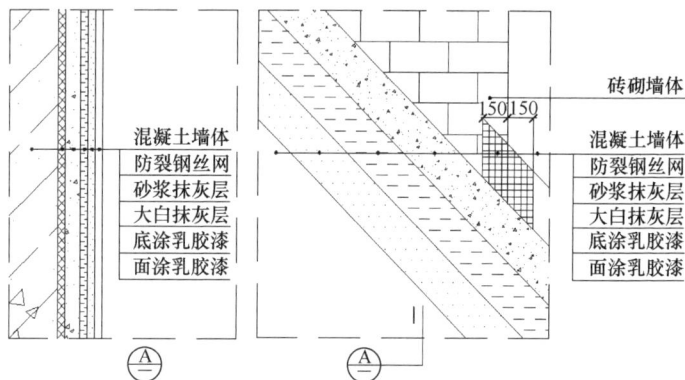

砖砌墙体
150 150
混凝土墙体
防裂钢丝网
砂浆抹灰层
大白抹灰层
底涂乳胶漆
面涂乳胶漆

混凝土墙体
防裂钢丝网
砂浆抹灰层
大白抹灰层
底涂乳胶漆
面涂乳胶漆

Ⓐ　　　　Ⓐ

工艺说明：不同墙体之间须加钢丝网防开裂，钢丝网覆盖墙体每边不少于150mm。

010213 木饰面油漆施工

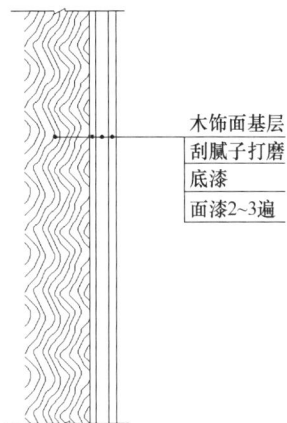

木饰面基层
刮腻子打磨
底漆
面漆2~3遍

工艺说明：基层腻子应刮实、磨平达到牢固、无粉化、起皮和裂缝，溶剂型涂料应涂刷均匀、粘结牢固，不得漏涂，无透底、起皮和反锈。有水房间应采用耐水性的腻子，后一遍涂料必须在前一遍干燥后进行。

010214 成品木饰面安装

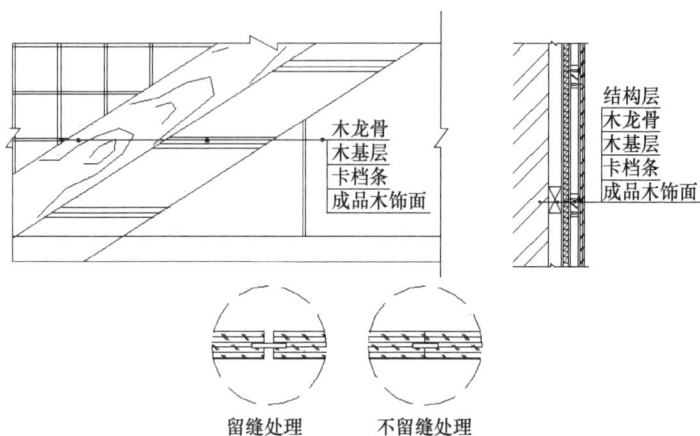

木龙骨
木基层
卡档条
成品木饰面

结构层
木龙骨
木基层
卡档条
成品木饰面

留缝处理 不留缝处理

> 工艺说明:木基层应做好防火、防腐处理,基层的木卡档要求安装牢固,成品木饰面背面应做防潮处理。木饰面安装为贴平往上的安装方式,踢脚线在木饰面安装完毕后施工。

010215　木墙裙安装

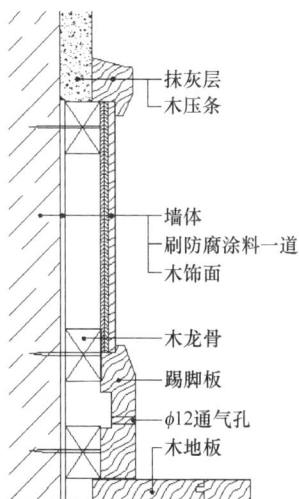

抹灰层
木压条

墙体
刷防腐涂料一道
木饰面

木龙骨
踢脚板
$\phi12$通气孔
木地板

工艺说明：木压条、踢脚板及木饰面板均采用成品木制品，工厂化加工；木龙骨需经防腐处理，木压条用强力胶与木龙骨粘牢；木龙骨、踢脚板应按规范要求预置通气孔。

010216 木饰面圆柱安装

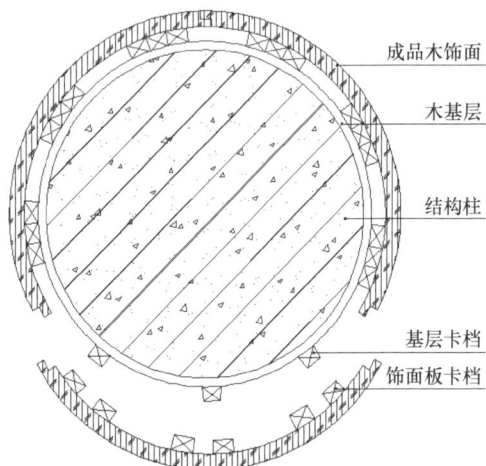

成品木饰面

木基层

结构柱

基层卡档

饰面板卡档

工艺说明：木饰面和木档基层含水率控制在12%以下，并做好防火防腐处理，安装时饰面的背面竖向卡档与基层的竖向卡档相连接，并用泡沫胶固定。

010217 墙面变形缝处理节点

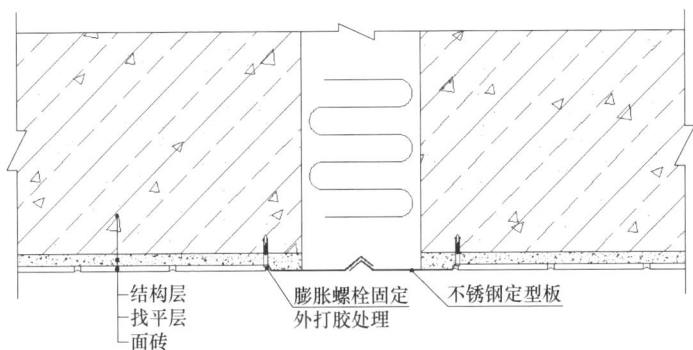

结构层
找平层
面砖

膨胀螺栓固定
外打胶处理

不锈钢定型板

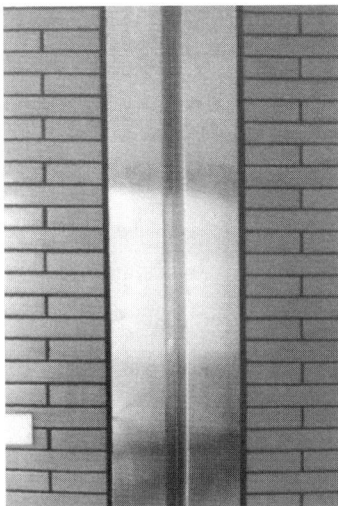

工艺说明：变形缝两侧墙面粉刷平整一致，缝宽上下统一；严格控制不锈钢板的折边质量，加强进场后对不锈钢板的成品保护；不锈钢板安装牢固，两侧的打胶顺直平整、宽窄一致。

010218　不锈钢条镶饰面板安装节点

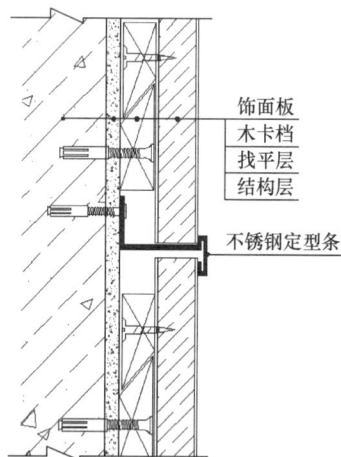

饰面板
木卡档
找平层
结构层

不锈钢定型条

工艺说明：将工厂生产的挂式木卡档，按线位用膨胀螺丝固定；先挂装下面部分饰面部件，安装不锈钢定型条后，再装上面部分饰面部件，连续作业；控制不锈钢定型条与饰面板之间缝隙的一致性。

010219 墙面阳角收口节点

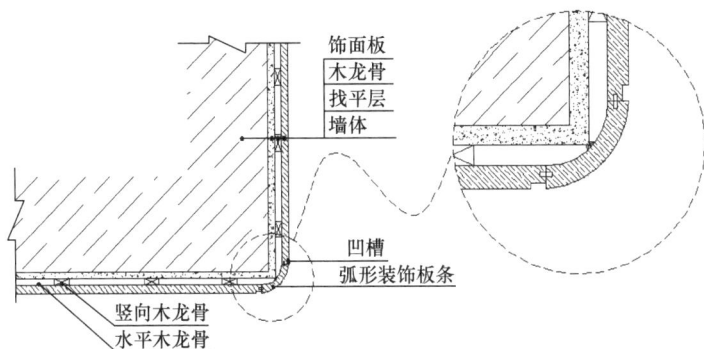

饰面板
木龙骨
找平层
墙体

凹槽
弧形装饰板条

竖向木龙骨
水平木龙骨

工艺说明：阳角弧形装饰条采用凹槽的过渡处理，减少与平面交接处收口的难度，平面装饰板用分隔线分隔成条块状，弧形装饰条与踢脚线上口接缝应严密。

010220 柱脚细部收口节点

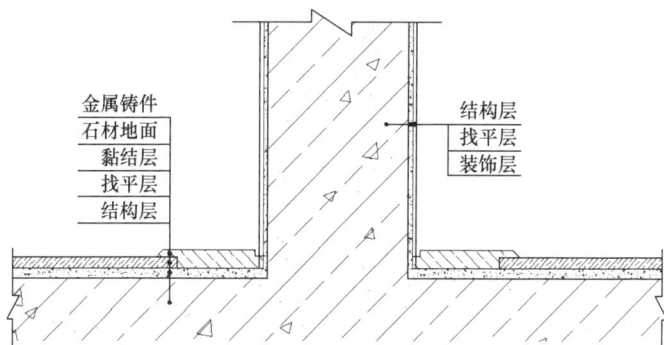

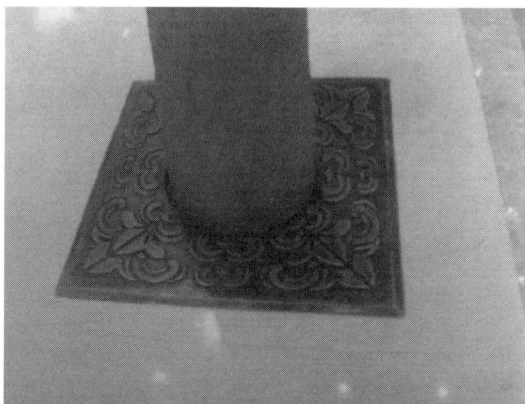

金属铸件
石材地面
黏结层
找平层
结构层

结构层
找平层
装饰层

工艺说明：根据设计及现场实际结构尺寸，定制配套的金属板，金属板固定可采用环氧类黏结剂，金属板之间的组合应确保表面平整、拼花图案对称一致。

010221 墙柱面石材阳角收口节点

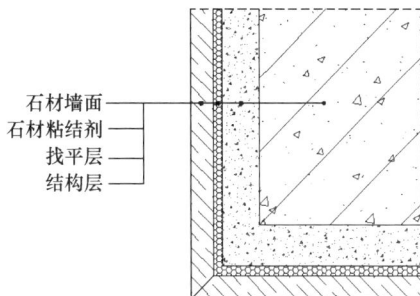

石材墙面
石材粘结剂
找平层
结构层

工艺说明：墙柱面石材阳角收口均需45°拼接对角处理；待墙柱面石材全部铺贴完成后，须调制与石材同色的云石胶作勾缝处理，勾缝必须严密；墙柱面石材阳角按设计要求加工。

010222　墙柱面石材阴角收口节点

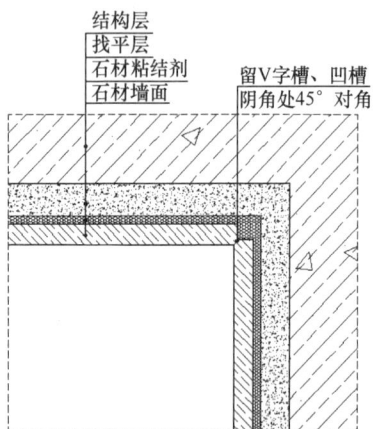

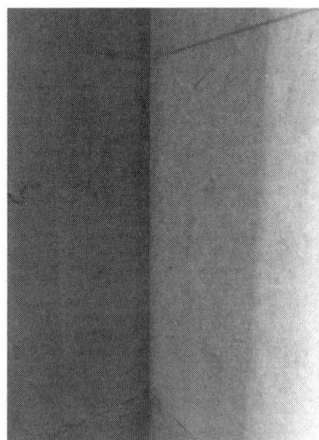

工艺说明：石材墙柱面有横缝时（如 V 字槽、凹槽），阴角收口均需45°（角度稍小于45°，以利于拼接）拼接处理，应在工厂内加工完成。

010223 墙柱面瓷砖阳角收口节点

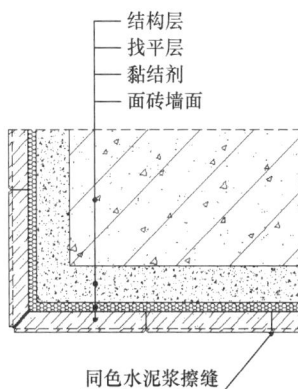

结构层
找平层
黏结剂
面砖墙面

同色水泥浆擦缝

工艺说明：瓷砖阳角收口均需45°（角度稍小于45°，以利于拼接）拼接对角处理，阳角收口对拼时应离缝1mm，用填缝剂填缝，以防崩边、开裂。

010224　墙柱面瓷砖阴角收口节点

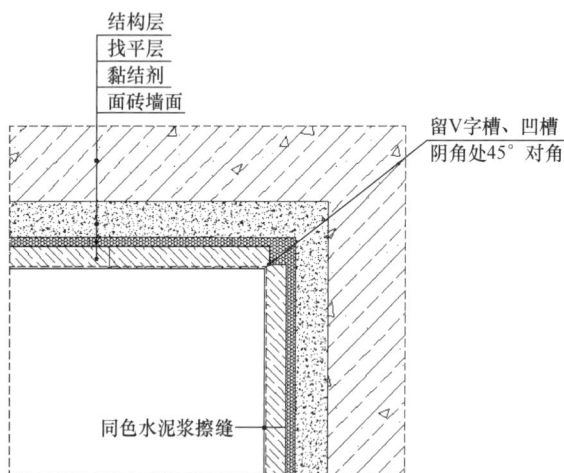

结构层
找平层
黏结剂
面砖墙面

留V字槽、凹槽
阴角处45°对角

同色水泥浆擦缝

工艺说明：瓷砖阴角收口均需45°（角度稍小于45°，以利于拼接）拼接处理，铺贴完成后应用同色填缝剂填缝。

010225 石材灌浆施工示意图

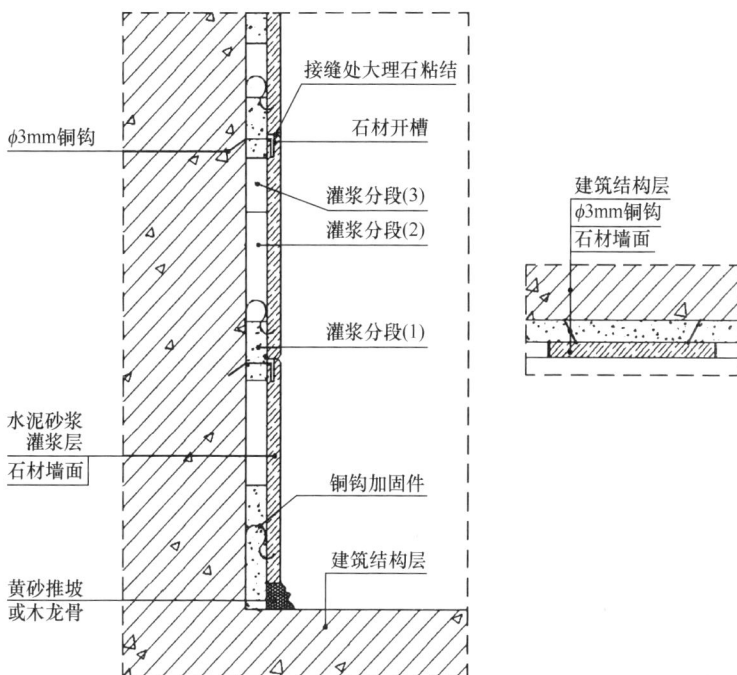

接缝处大理石粘结

石材开槽

ϕ3mm铜钩

灌浆分段(3)

灌浆分段(2)

灌浆分段(1)

建筑结构层
ϕ3mm铜钩
石材墙面

水泥砂浆
灌浆层
石材墙面

铜钩加固件

建筑结构层

黄砂推坡
或木龙骨

工艺：准备工作（①石材背网铲除；②石材六面防护；③刮石材粘接剂一遍）→放控制线→石材排板放线→核对石材安装图→预排石材→板材固定→灌浆→嵌缝。

工艺说明：

（1）墙面石材采用湿挂灌浆工艺，采用铜丝连接。分次灌浆，第一次不得超过石板高度的三分之一，待砂浆初凝后进行第二次灌浆，高度为石板的二分之一。第三层灌浆至低于石板上口5cm处为止。

（2）石材采用32.5MPa普通硅酸盐水泥混合中砂或粗砂，（含泥量不大于3％）1:3配比作结合层。

010226　石材干挂法施工示意图

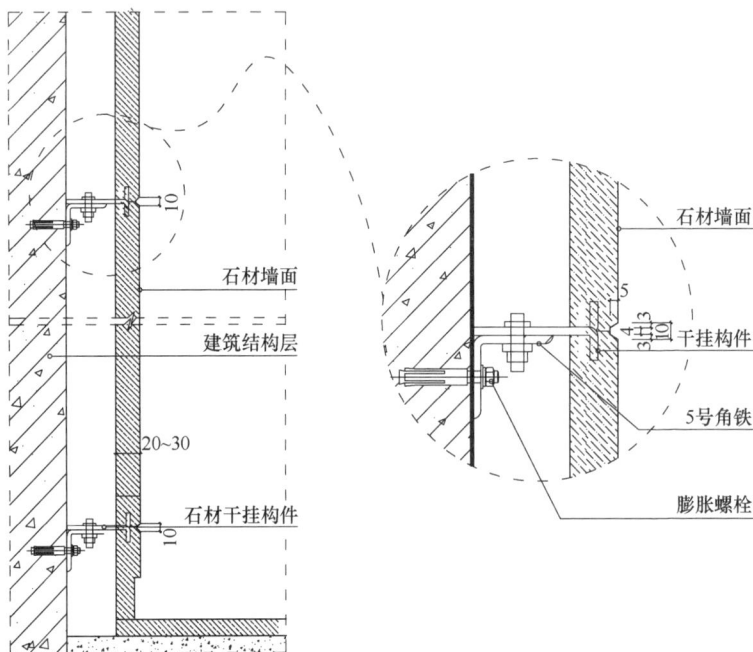

工艺说明：

（1）所有型钢规格符合国家标准，镀锌处理，焊接部位作防锈处理。不锈钢石材挂件钢号为202以上，沿海项目需采用304钢号连接配件。

（2）石材厚度要求在20mm以上，2500mm高以内的墙体，竖向需采用5号槽钢，横向采用40mm×40mm型角钢，间距根据石材的横缝排版确定，2500mm高以上的墙体，竖向需采用8号槽钢，横向采50mm×5mm型角钢，间距根据石材的横缝排版确定。

010227 石材干挂法施工示意图

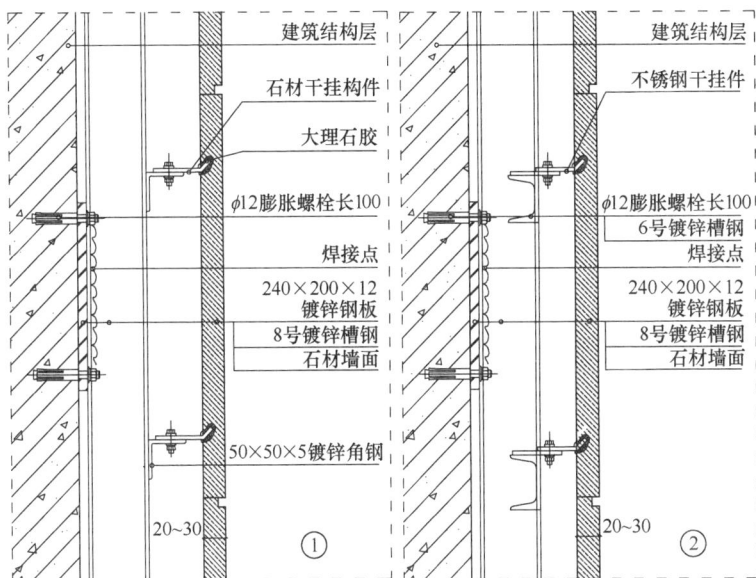

图①标注：
- 建筑结构层
- 石材干挂构件
- 大理石胶
- φ12膨胀螺栓长100
- 焊接点
- 240×200×12镀锌钢板
- 8号镀锌槽钢
- 石材墙面
- 50×50×5镀锌角钢
- 20~30
- ①

图②标注：
- 建筑结构层
- 不锈钢干挂件
- φ12膨胀螺栓长100
- 6号镀锌槽钢
- 焊接点
- 240×200×12镀锌钢板
- 8号镀锌槽钢
- 石材墙面
- 20~30
- ②

工艺说明：

　　所有型钢规格符合国家标准，镀锌处理，焊接部位作防锈处理。不锈钢石材挂件钢号为202以上、沿海项目需采用304钢号连接配件。

　　大理石厚度要求在20mm以上，2500mm高以内的墙体，竖向需采用5号槽钢，横向采用40mm×40mm型角钢，间距根据石材的横缝排版确定，2500mm高以上的墙体，竖向需采用8号槽钢，横向采50mm×5mm型角钢，间距根据石材的横缝排版确定。

010228 胶粘剂粘贴石材施工示意图（木基层）

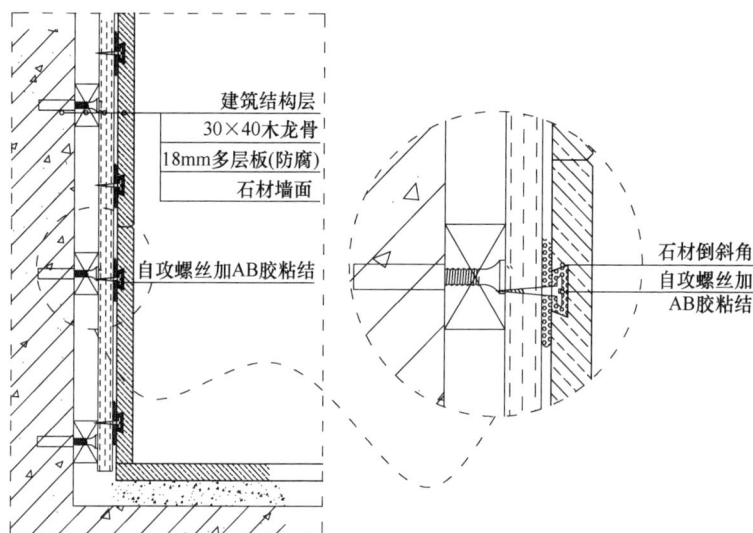

建筑结构层
30×40木龙骨
18mm多层板(防腐)
石材墙面

自攻螺丝加AB胶粘结

石材倒斜角
自攻螺丝加
AB胶粘结

工艺说明：

　　木基层面粘贴石材工艺，适用于小面积、小块面材料施工范围（如文化石、装饰线、踢脚线），须用AB胶结合不锈钢自攻螺钉粘结固定，石材背面应挖成倒八字形孔，木基层做好防腐处理（此方法不宜推广）。

010229 墙柱面石材 U 形槽排版示意图

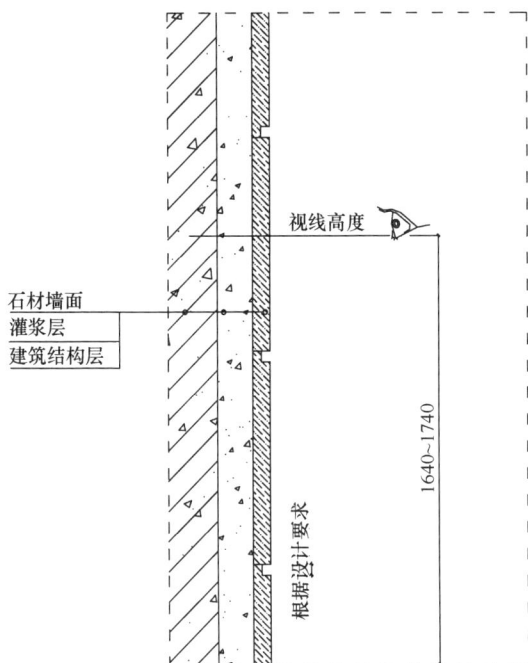

视线高度

1640～1740

石材墙面
灌浆层
建筑结构层

根据设计要求

工艺说明：石材墙面横缝，需根据人体的视线高度排布。

010230 墙柱面石材阳角收口示意图

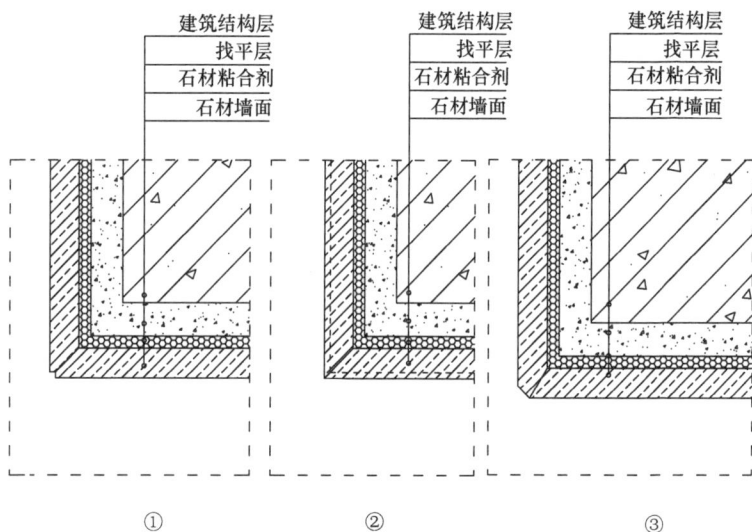

① ② ③

工艺说明：（或可是干挂做法）墙面石材阳角收口均需45°拼接对角处理；待墙面石材全部铺贴完成后，须调制与石材同色的云石胶作勾缝处理，勾缝必须严密；墙面石材阳角按设计要求加工。（背倒角）

010231 墙柱面石材阴角收口示意图

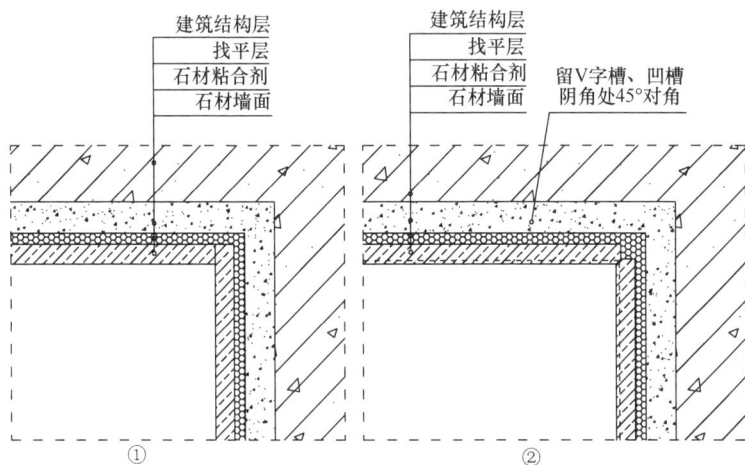

建筑结构层
找平层
石材粘合剂
石材墙面

建筑结构层
找平层
石材粘合剂
石材墙面

留V字槽、凹槽
阴角处45°对角

① ②

工艺说明：石材墙面有横缝时（如 V 字缝、凹槽）时，阴角收口均需45°（角度稍小于45°，以利于拼接）拼接对角处理，应在工厂内加工完成。（正倒角）

010232 石材检修门示意图

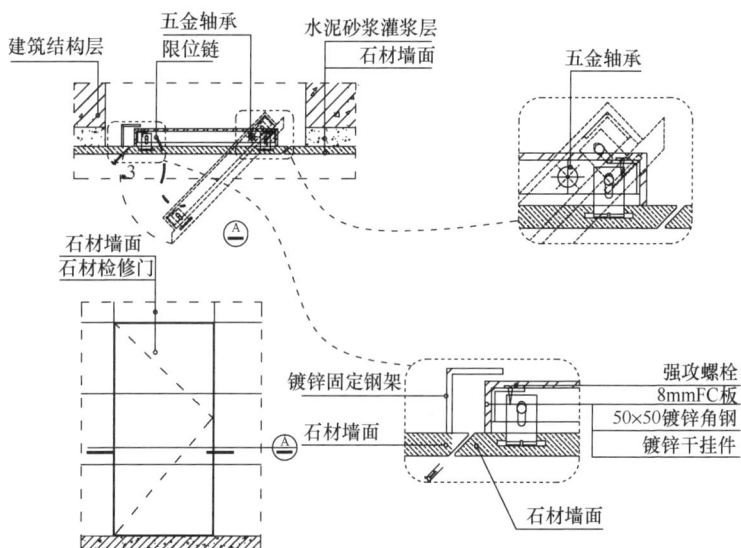

工艺说明：

（1）石材暗门需采用镀锌角钢，角钢大小及滚珠轴承大小根据门体的自重选定，焊接部位作防锈处理。

（2）石材干挂或安装、门边、框边切割面需抛光处理，钢架面采用防潮板包封。为防止门与边框碰撞，会使石材破损，需在门与框之间安装限位链。

010233 钢架台盆安装示意图

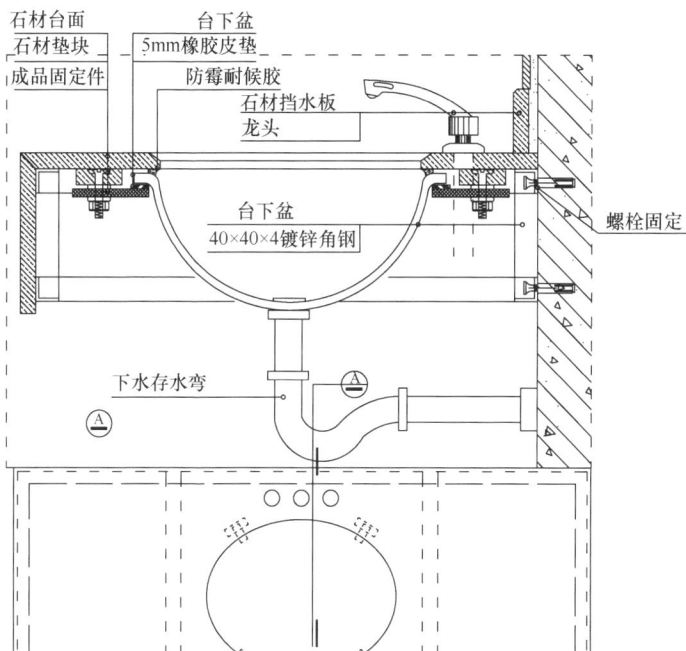

石材台面 台下盆
石材垫块 5mm橡胶皮垫
成品固定件 防霉耐候胶
石材挡水板
龙头
台下盆
40×40×4镀锌角钢
螺栓固定
下水存水弯
Ⓐ
Ⓐ

工序：放样→管线安装→基架焊接→基架墙面固定→
石材工厂加工→台盆固定→现场安装。

工艺说明：（1）台盆铁架须采用国标镀锌角钢，焊接
处做防锈处理。

（2）为便于台盆拆卸检修，台盆固定于固定构件上，
固定构件与石材垫块用不锈钢或镀锌螺栓固定，垫块背面
及台面背面粘结部位需经打毛处理用大理石胶粘结固定，
台盆与固定构件连接处需用橡皮垫块，台盆与台面板下沿
口用耐候胶密封。

010234　台下柜台盆安装示意图

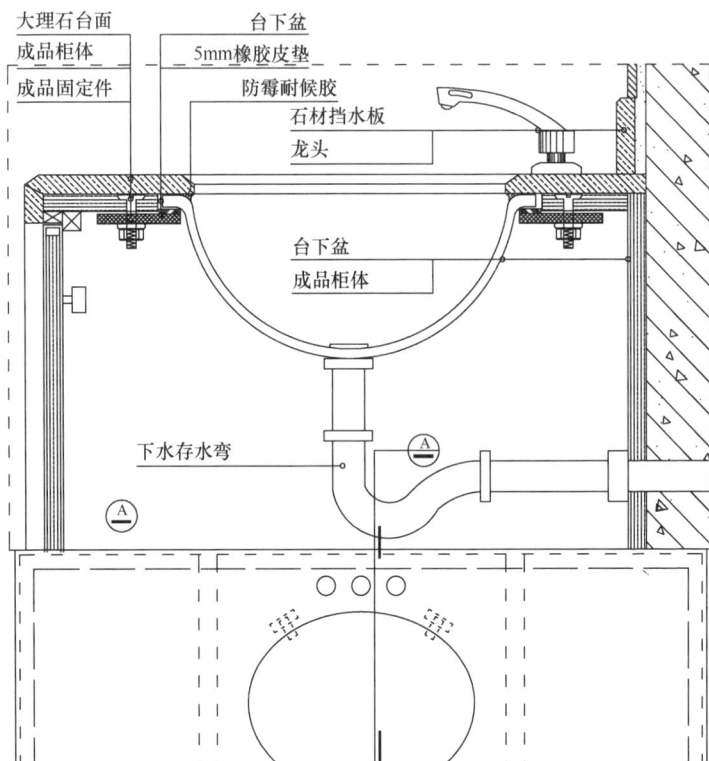

大理石台面
成品柜体
成品固定件
台下盆
5mm橡胶皮垫
防霉耐候胶
石材挡水板
龙头
台下盆
成品柜体
下水存水弯

工序：放样→管线安装→木基架工厂制作→石材工厂加工→台盆固定→组合安装。

工艺说明：

为便于台盆拆卸检修，台盆固定于固定构件上，固定构件与台下柜基层板面 $\phi8mm$ 对穿螺丝固定，台盆与固定构件连接处需用橡皮垫块，台盆与台面板下沿口用耐候胶密封。

010235 卫生间玻璃隔断与大理石墙面交接施工节点

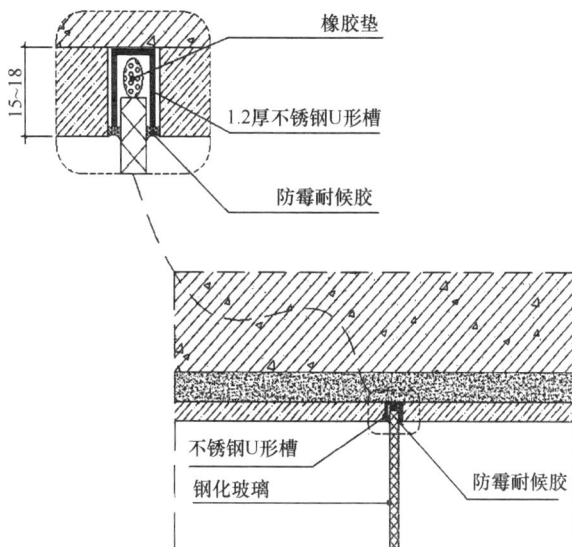

工艺说明:

(1) 淋浴房玻璃安装前,在两块石材间预埋"U"形不锈钢槽用 AB 胶或云石胶粘结固定,把玻璃嵌入槽内,接缝处打透明防霉硅胶。

(2) U 形不锈钢内径规格宽比玻璃厚度大 2～4mm,深为 15～18mm,壁厚不小于 1.2mm。

(3) 玻璃需四周磨边处理。

010236　坐便器安装施工示意图

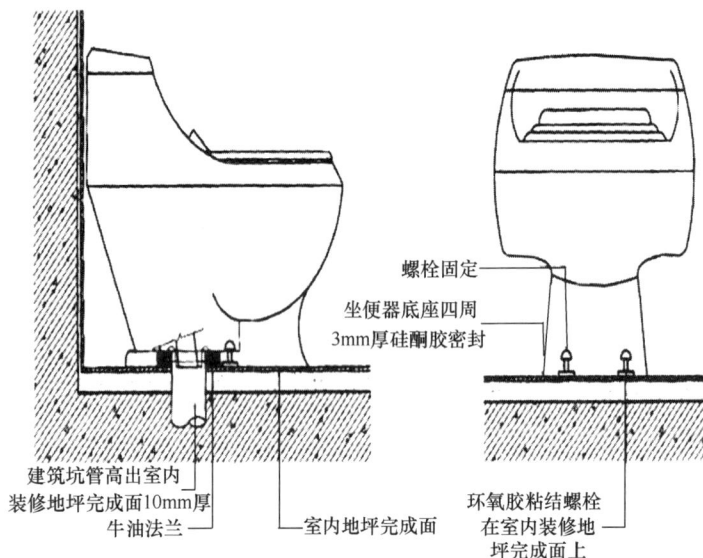

螺栓固定

坐便器底座四周
3mm厚硅酮胶密封

建筑坑管高出室内
装修地坪完成面10mm厚
牛油法兰

室内地坪完成面

环氧胶粘结螺栓
在室内装修地
坪完成面上

工艺说明：

（1）正常项目坐便器与地面连接仅需在坐便器与瓷砖交界周边打硅胶进行固定。

（2）对于质监站特别要求的项目使用环氧胶将螺母粘贴在瓷砖表面，再安装螺栓固定，最后在坐便器与瓷砖交界周边打硅胶进行固定。

（3）坑管高于瓷砖完成面10mm。

010237 地面隔墙施工示意图

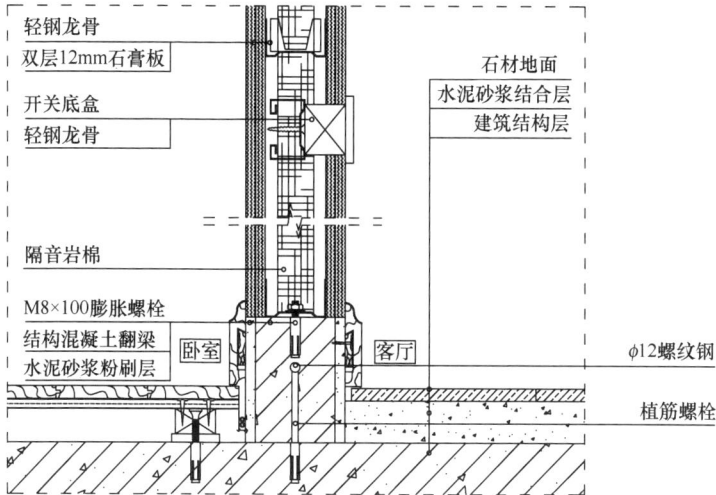

工序：放样→基层处理→钢筋预植→制模→混凝土浇捣→隔墙龙骨安装→一侧石膏板安装→隔音棉安装→另一侧石膏板安装。

工艺说明：

（1）隔墙开关盒处内衬龙骨以便于开关盒固定，墙面有液晶电视或装饰画等处需内衬细木工板。

（2）隔墙内须填充隔音棉。

（3）隔墙钢筋砼地梁，需按设计图纸要求现场弹线，结构楼面预植ϕ12螺纹钢，间距不大于450mm，在顶端处焊接ϕ12螺纹钢连接，制模浇捣翻边，翻处地面应预先凿毛，采用C20细石混凝土浇捣。

010238　轻钢龙骨石膏板隔墙

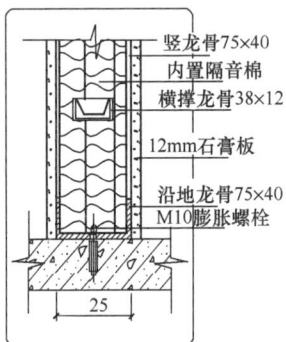

竖龙骨75×40
内置隔音棉
横撑龙骨38×12
12mm石膏板
沿地龙骨75×40
M10膨胀螺栓
25

轻钢龙骨石膏板隔墙做法

工艺说明：

（1）弹线定位，应按弹线位置固定沿地、沿顶龙骨及边框龙骨，龙骨的边线应与弹线重合，龙骨间距不宜大于400mm；

（2）潮湿区域隔墙需做混凝土或砌体导墙；

（3）打孔定位应使用电锤打孔深度定位装置；

（4）预埋金属膨胀螺栓；

（5）安装龙骨先将竖骨进行分割（400等距），再将38主龙骨进行穿筋处理使用水平件进行固定；

（6）安装石膏板，石膏板宜竖向铺设，长边接缝应安装在竖龙骨上；

（7）阴阳角处理及面层涂装轻质隔墙与顶棚和其他墙体的交接处应采取防开裂措施。

010239 拉丝不锈钢墙面

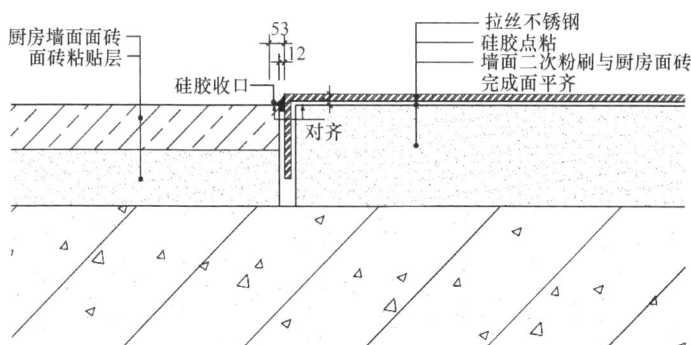

工艺说明：

(1) 二次粉刷部位厚度控制与瓷砖完成面平齐；

(2) 不锈钢板与粉刷基层采用硅胶点粘固定；

(3) 瓷砖与不锈钢板间距1mm；

(4) 瓷砖与不锈钢板之间打硅胶收头，硅胶宽度小于等于3mm。

010240　墙面木饰面基层

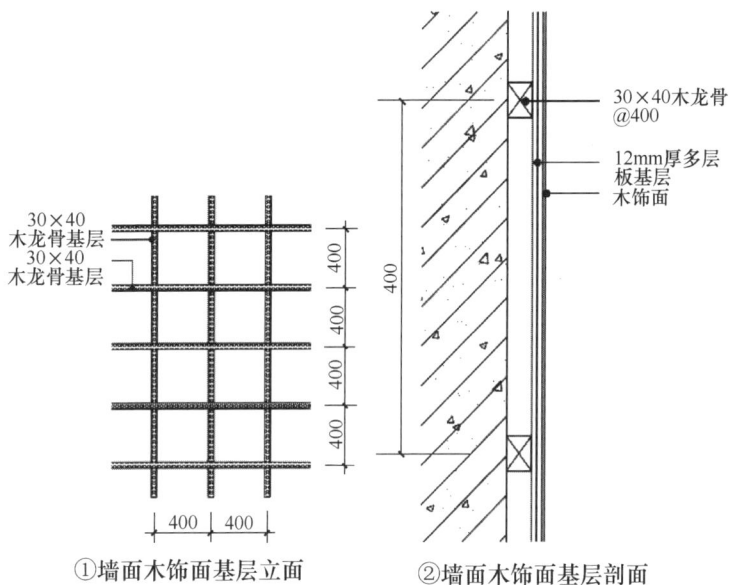

①墙面木饰面基层立面　　　②墙面木饰面基层剖面

工艺说明：

（1）龙骨采用 30mm×40mm 规格，六面涂刷防腐液；

（2）基层板采用 12mm 厚多层板，使用自攻螺丝钉于龙骨架上，基层板邻砂浆墙面一侧和四个侧边涂刷防火涂料；

（3）木龙骨使用地板钉固定在墙面，木枕必须防腐液浸泡。

010241 墙面软包安装

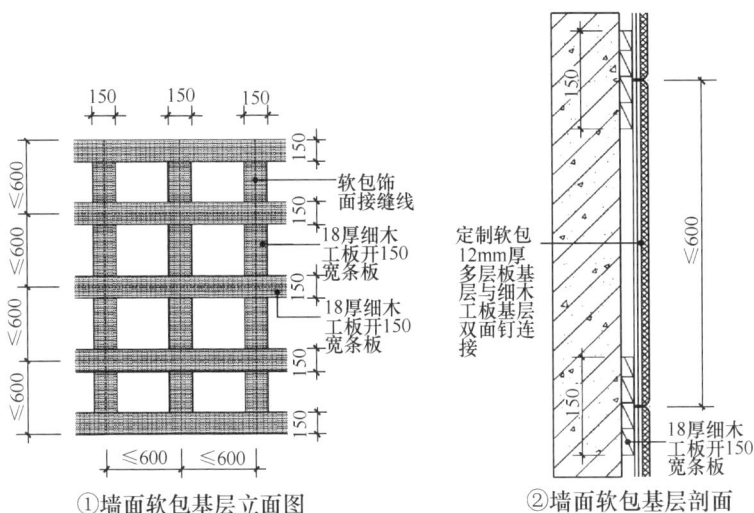

①墙面软包基层立面图　　　②墙面软包基层剖面

墙面软包基层做法（软包规格≤600×600）

工艺说明：（1）本软包基层木筋仅针对正方形软包或长方形软包，不适用于长条形软包；（2）基层木筋采用18mm厚细木工板开150mm宽度的条板制作，六面涂刷防腐液；（3）软包自带的基层板采用12mm厚多层板制作，六面涂刷油漆封闭（本条内容对软包供应商的要求，装修总包需要现场控制）；（4）软包与基层木筋之间采用双面钉固定；基层木筋使用地板钉固定在墙面，木枕必须防腐液浸泡。

010242　黏土砖墙面壁纸施工示意图

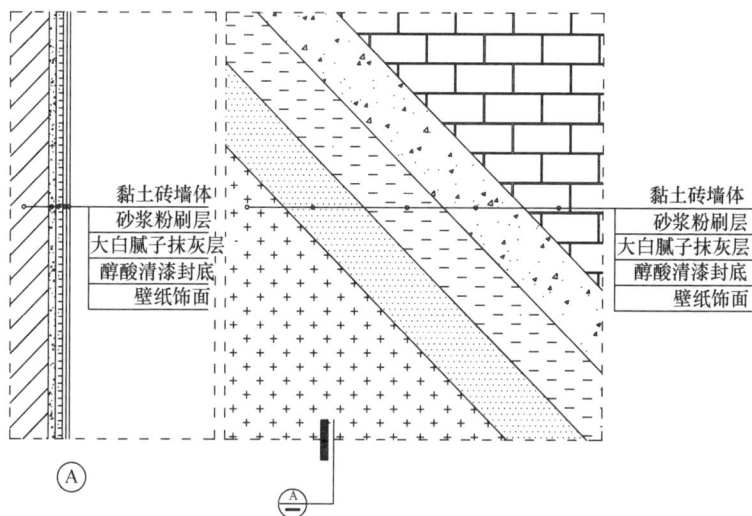

工序：基层处理→喷、刷胶水→填补缝隙、局部刮腻子→吊顶拼缝处理→吊直、套方、弹线→满刮腻子→腻子面清漆→计算用料、裁纸（按幅下料）→刷胶→裱糊→修整。

工艺说明：

（1）墙面批灰基层完成后需刷醇酸清漆二遍，批灰腻子里需加10％的清漆。

（2）在墙面管线槽部位、砌体开裂部位，先采用专用修补砂浆修补，再用专用界面剂处理，贴网格布或贴纸带。

010243 轻质砖墙面壁纸施工示意图

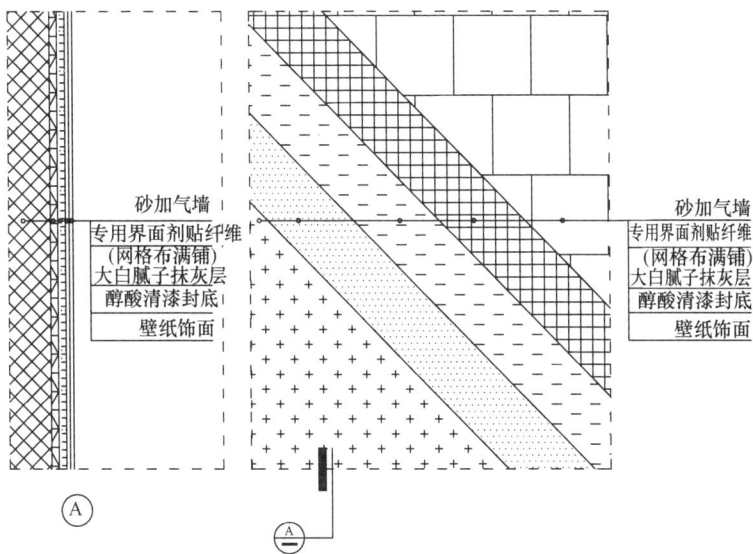

砂加气墙
专用界面剂贴纤维
(网格布满铺)
大白腻子抹灰层
醇酸清漆封底
壁纸饰面

Ⓐ

砂加气墙
专用界面剂贴纤维
(网格布满铺)
大白腻子抹灰层
醇酸清漆封底
壁纸饰面

Ⓐ

工序：基层处理→纤维网格布专用界面剂满铺→吊顶拼缝处理→吊直、套方、弹线→满刮腻子→腻子面清漆→计算用料、裁纸→刷胶→裱糊→修整。

工艺说明：

(1) 轻质砖墙面要求用 5×5 玻璃纤维网格布满铺，用专用界面剂薄层灰泥刮贴，厚度不宜超过 3mm。

(2) 墙面批灰基层完成后需刷醇酸清漆二遍，批灰腻子里需加 10% 的清漆。

(3) 在墙面管线槽部位、砌体开裂部位，先采用专用修补砂浆修补，再用专用界面剂处理，贴网格布或贴纸带。

010244　不同材质隔墙涂料施工示意图

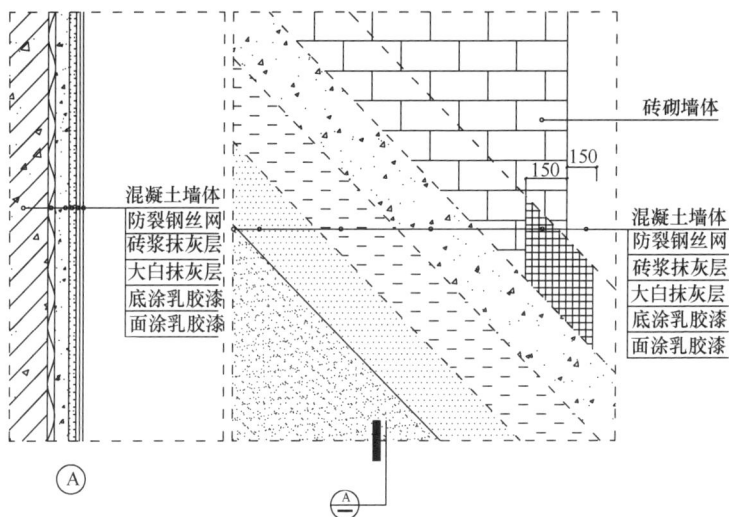

砖砌墙体

150　150

混凝土墙体
防裂钢丝网
砖浆抹灰层
大白抹灰层
底涂乳胶漆
面涂乳胶漆

混凝土墙体
防裂钢丝网
砖浆抹灰层
大白抹灰层
底涂乳胶漆
面涂乳胶漆

Ⓐ

Ⓐ

工艺说明：不同墙体之间须加钢丝网防开裂，钢丝网
覆盖墙体每边不少于150mm。

010245 墙面瓷砖阴阳角收口示意图

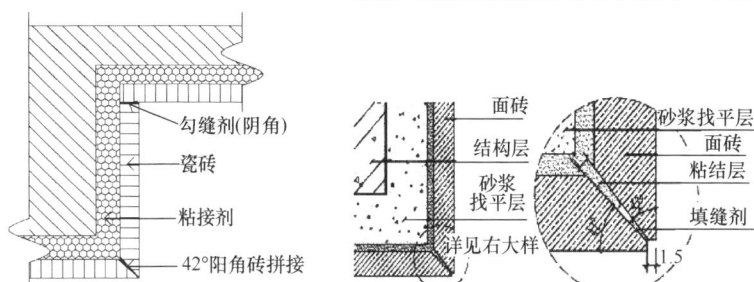

瓷砖阴阳角做法节点

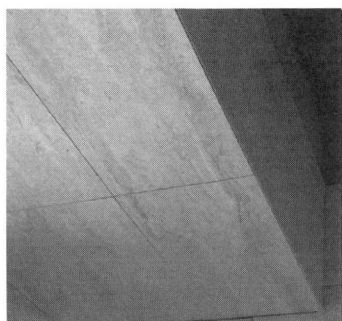

工艺说明：墙砖阳角收口均需 42°（角度稍小于 45°，以利于拼接）拼接对角处理，应在工厂内加工完成。阳角收口对拼时应离缝 1mm，用填缝剂填缝，以防崩边、开裂，用云石胶调瓷砖补缝。

010246　室内飘窗及窗台台面做法

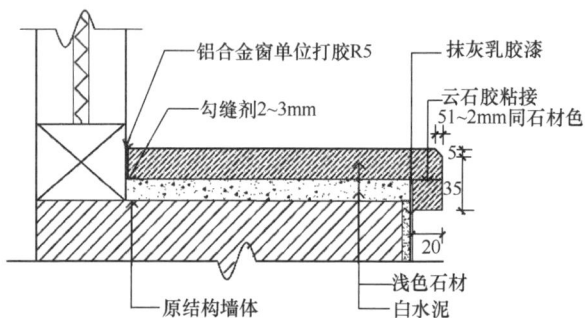

铝合金窗单位打胶R5

抹灰乳胶漆

勾缝剂2~3mm

云石胶粘接
51~2mm同石材色

5

35

20

原结构墙体

浅色石材
白水泥

飘窗台面

工艺说明：窗台石嵌入涂料墙内5~10mm，涂料和窗台石收口观感好；窗台石可选择浅色石桥或人造石。

010247 厨房卫生间飘窗及窗台台面做法

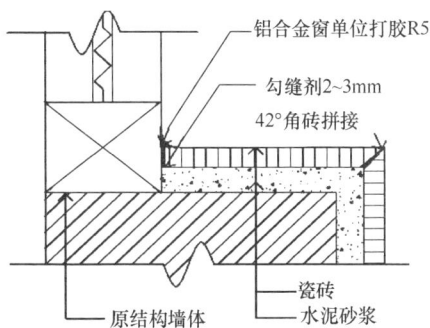

铝合金窗单位打胶R5

勾缝剂2~3mm

42°角砖拼接

瓷砖

水泥砂浆

原结构墙体

卫生间、厨房窗台砖

工艺说明：厨卫间窗户窗台石直接使用墙体装饰材料
瓷砖铺贴收口、简单美观。

010248　瓷砖踢脚线做法节点图

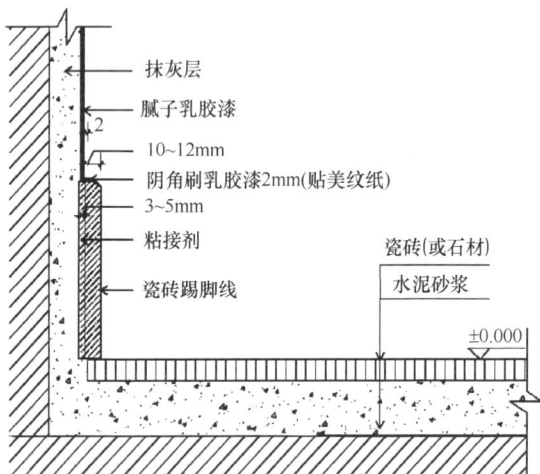

图中标注：
- 抹灰层
- 腻子乳胶漆
- 10~12mm
- 阴角刷乳胶漆2mm(贴美纹纸)
- 3~5mm
- 粘接剂
- 瓷砖踢脚线
- 瓷砖(或石材)
- 水泥砂浆
- ±0.000

瓷砖踢脚线

工艺说明：

（1）瓷砖踢脚线阳角采用 42°切割，接缝无粘接剂、无勾缝剂保持自然缝。

（2）踢脚线必须在厂家倒边，铺贴后视角上减少厚度，利于上面涂料清理，提升观感。

（3）踢脚线铺贴前弹线定位，将墙面修复到位，使用瓷砖胶薄贴法，踢脚线上口修正好做成一定斜坡状，涂料使用前美纹纸保护，确保瓷砖不被涂料污染。

010249 石材踢脚线做法节点图

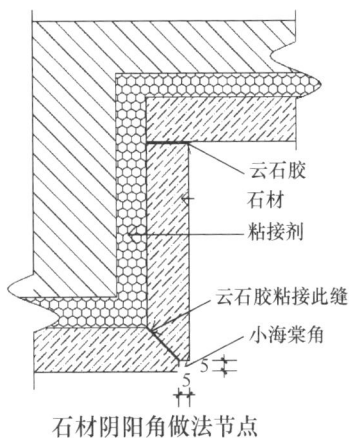

云石胶
石材
粘接剂
云石胶粘接此缝
小海棠角
5 5
5

石材阴阳角做法节点

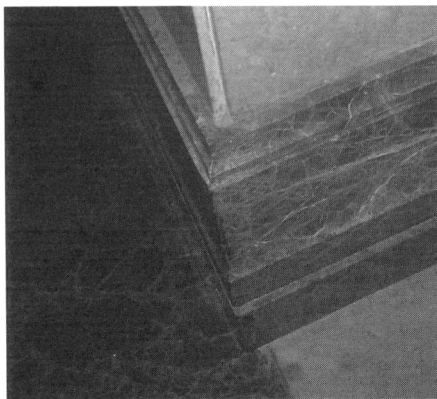

> **工艺说明：**石材因易崩边掉角，踢脚阳角必须做成小海堂角，角无破损。石材踢脚线要求墙面抹灰预留凹槽，石材踢脚线嵌入墙面5～6mm，外面预留10～12mm。

010250　墙面石材玻璃木饰面交接示意图

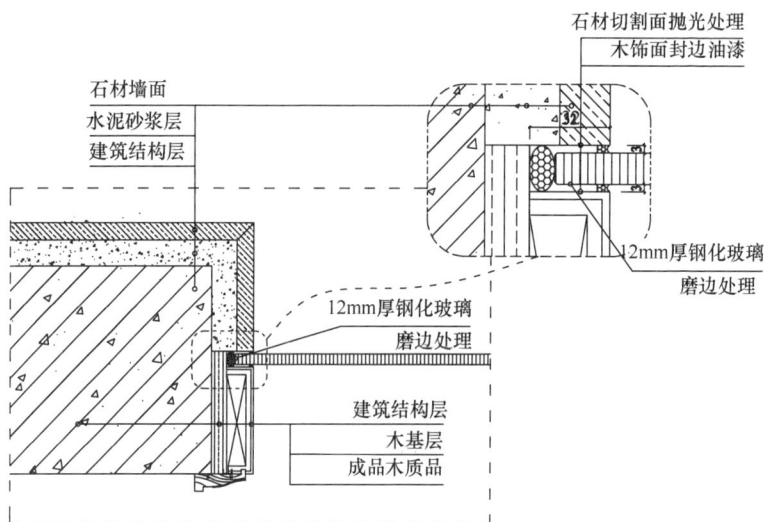

石材切割面抛光处理
木饰面封边油漆

石材墙面
水泥砂浆层
建筑结构层

32

12mm厚钢化玻璃
磨边处理

12mm厚钢化玻璃
磨边处理

建筑结构层
木基层
成品木质品

工艺说明：

（1）玻璃安装时凹槽内须嵌橡胶垫，外用耐候胶收口。

（2）石材侧面需抛光处理，侧面木材面需油漆。

（3）凹槽留缝为玻璃每边预留2～3mm宽。

（4）玻璃四边要求磨边处理。

010251 墙面石材与石膏板涂料天花收口示意图

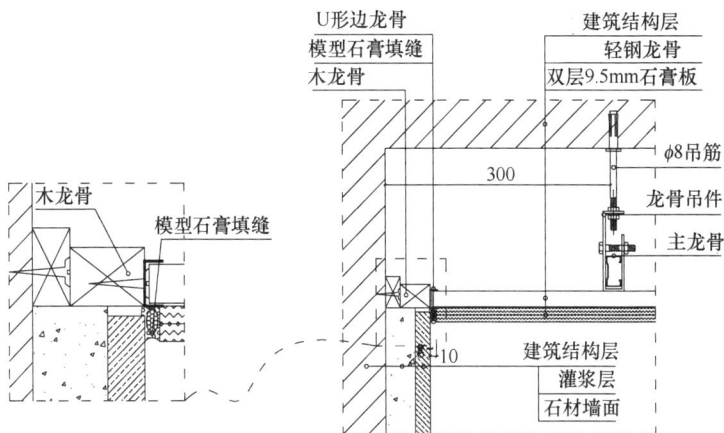

工艺说明：石材与石膏板收口处石膏板与石材面留缝8~10mm用模型石膏填缝。

第三节 吊顶装饰工程

010301 轻钢龙骨石膏板吊顶

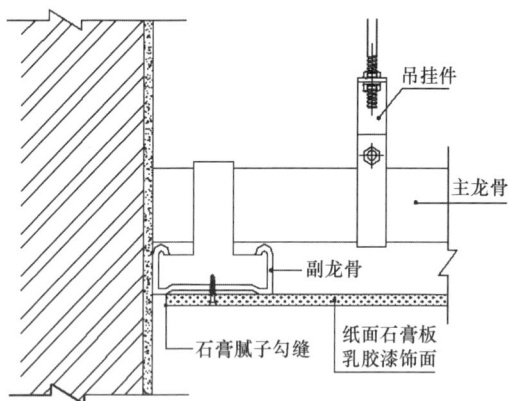

吊挂件

主龙骨

副龙骨

纸面石膏板
乳胶漆饰面

石膏腻子勾缝

工艺说明：应控制好吊杆长度，确保吊顶平整度；当空间尺寸较大时应按规范确定起拱高度；大面积吊顶应分区设置，防止裂缝出现；纸面石膏板吊顶转角应加强，转角处应使用L形石膏板。

010302　T形龙骨矿棉板吊顶

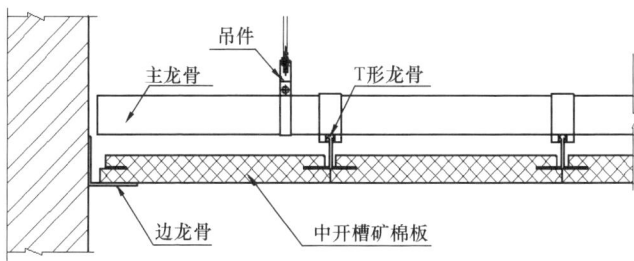

010303 铝合金扣板吊顶

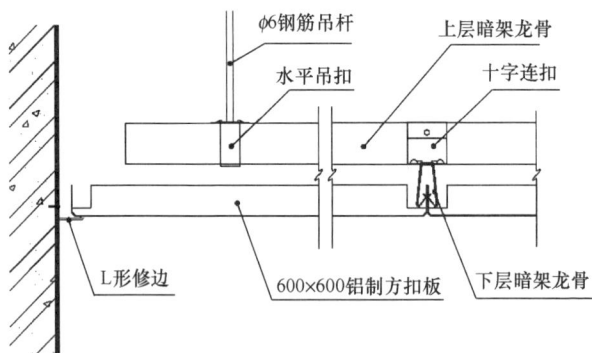

ϕ6钢筋吊杆　水平吊扣　上层暗架龙骨　十字连扣　L形修边　600×600铝制方扣板　下层暗架龙骨

工艺说明：要注意主龙骨吊点间距,中间部分应起拱,龙骨起拱高度不小于房间面跨度的1/200。龙骨安装后应及时校正位置及高度。扣板安装时,垂直次龙骨方向从中间向两边安装。

010304　铝合金条板吊顶

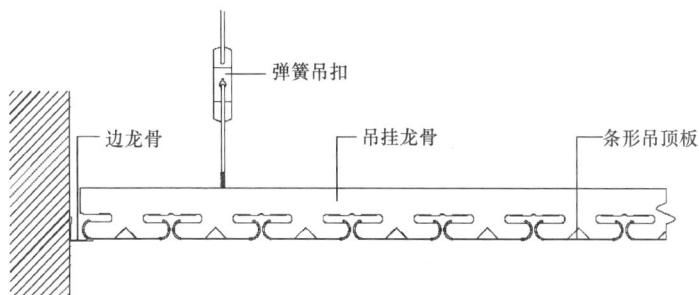

工艺说明：运输过程中应采取成品保护措施，确保材料不变形，安装过程中，注意防止条板变形等因素造成缝隙过大的现象。

010305　铝合金格栅吊顶

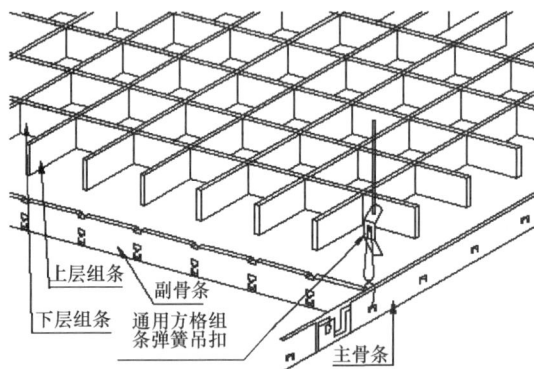

上层组条　副骨条
下层组条　通用方格组
条弹簧吊扣　主骨条

　　工艺说明：格栅组片时相邻的格栅两头宜错开，在吊装时两片进行叉接，使格栅吊顶形成一个整体，提高强度。

010306 造型石膏板吊顶

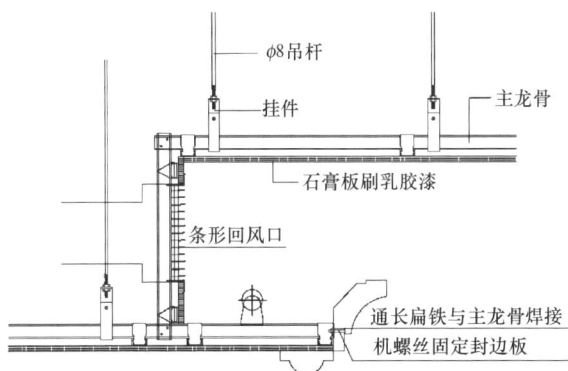

工艺说明：主体骨架采用轻钢龙骨型材，造型部位采用木质板材衬底，木基层应做好防火防腐处理，木饰部件在工厂加工，现场组装。

010307　阴角槽安装构造

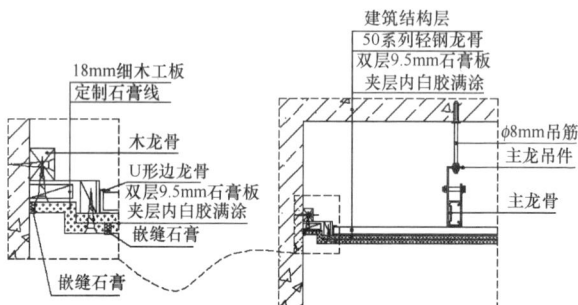

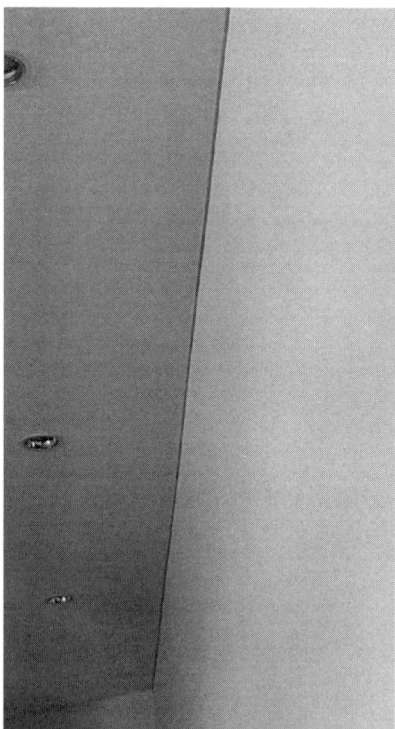

工艺说明：如吊顶四周设计为凹槽，石膏板与墙面连接处定制收口条安装收口。

010308 吊顶灯槽安装

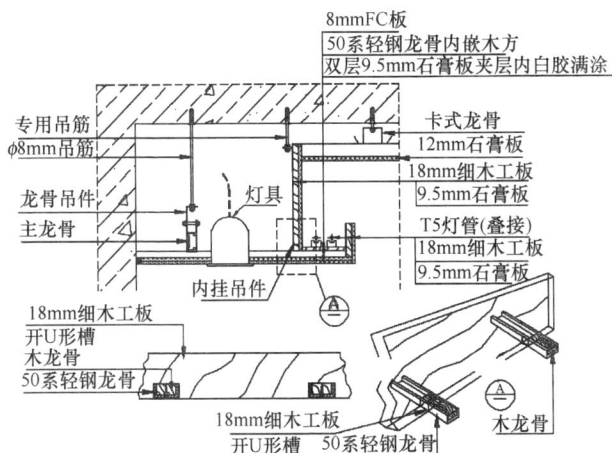

8mmFC板
50系轻钢龙骨内嵌木方
双层9.5mm石膏板夹层内白胶满涂
专用吊筋
φ8mm吊筋
卡式龙骨
12mm石膏板
18mm细木工板
9.5mm石膏板
龙骨吊件
灯具
主龙骨
T5灯管(叠接)
18mm细木工板
9.5mm石膏板
内挂吊件
A
18mm细木工板
开U形槽
木龙骨
50系轻钢龙骨
18mm细木工板
开U形槽
50系轻钢龙骨
木龙骨
A

工艺说明：吊顶灯槽内侧板下口需与副龙骨做平，内侧板背面再用挂件固定，以增加灯槽的受力支撑。灯槽外口与内口副龙骨内内嵌木龙骨连接。木基层需进行防火处理。灯槽内应衬垫一层石膏板。

010309 平顶灯槽安装

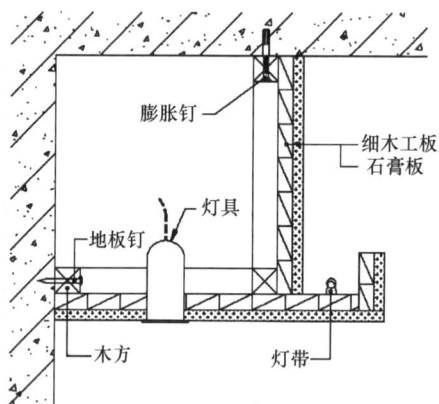

工艺说明：木龙骨应做好防火防腐处理，细木工板与石膏板接触一侧涂刷防火涂料；木龙骨与顶棚固定采用锤击式膨胀钉，与墙面固定采用地板钉，钉间距400～500mm。

010310 单层石膏板吊顶伸缩缝处理节点

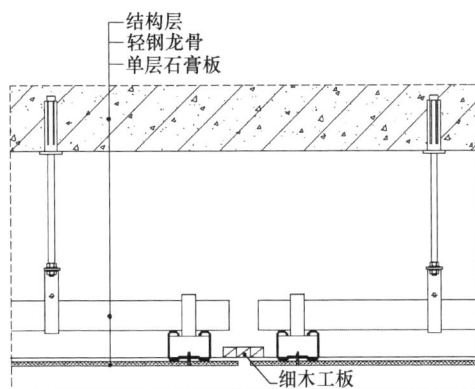

结构层
轻钢龙骨
单层石膏板
细木工板

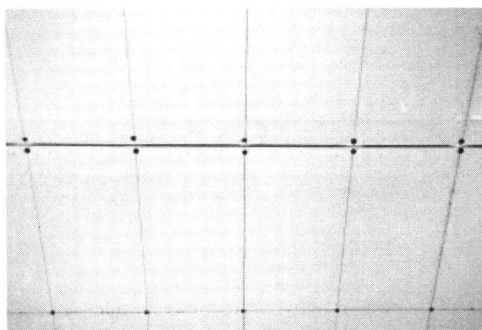

工艺说明：大面积吊顶应设置伸缩缝，伸缩缝处的石膏板与龙骨需断开，伸缩缝处吊顶上衬细木工板（防火处理）与边龙骨连接，下口留10～20mm缝。

010311 双层石膏板吊顶伸缩缝处理节点

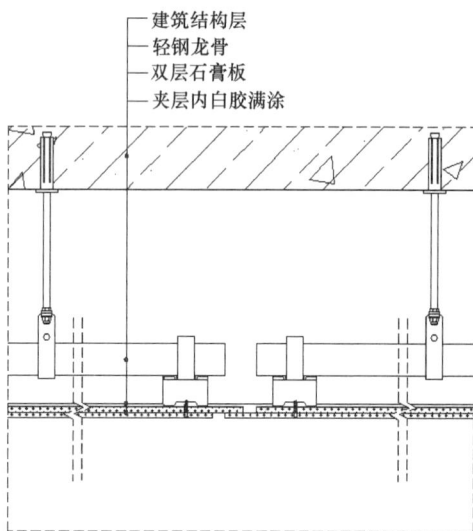

- 建筑结构层
- 轻钢龙骨
- 双层石膏板
- 夹层内白胶满涂

工艺说明：大面积吊顶应设置伸缩缝，伸缩缝处的石膏板与龙骨需断开，双层石膏板吊顶须留10～20mm缝，交接长度为30～50mm，伸缩缝边沿至吊筋间距不大于300mm。

010312 轻型吊灯安装

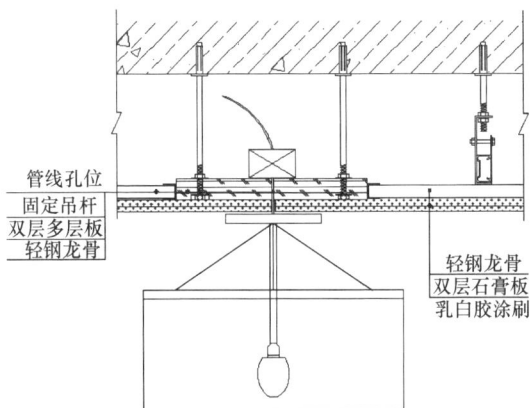

管线孔位
固定吊杆
双层多层板
轻钢龙骨

轻钢龙骨
双层石膏板
乳白胶涂刷

工艺说明：吊顶内的预装接线盒按点位完成，金属软管留置于至顶面灯具位置；φ8吊杆用金属膨胀螺栓与主体结构板连接，需安装轻型吊灯部位预装400mm×400mm的双层18mm阻燃多层胶合板，龙骨与板面平整后固定；精确标出接线孔位，以便后期安装灯具。

010313　大型吊灯安装

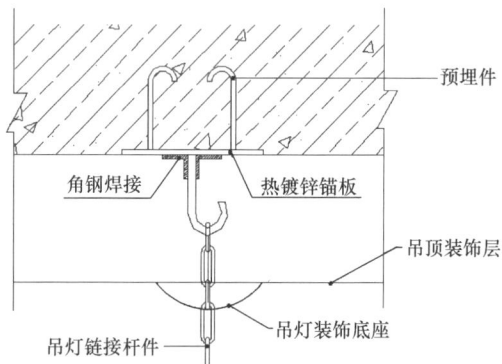

预埋件

角钢焊接　　热镀锌锚板

吊顶装饰层

吊灯链接杆件　　吊灯装饰底座

工艺说明：重量超过3kg的灯具，应在顶板上设立独立的吊杆预埋件，承担灯具的全部重量，不应使吊顶龙骨承受灯具荷载；大型灯具的预埋件及吊杆固定后，做两倍灯具重量的荷载试验，合格后才能安装灯具。

010314 **吊顶空调侧面出风口节点**

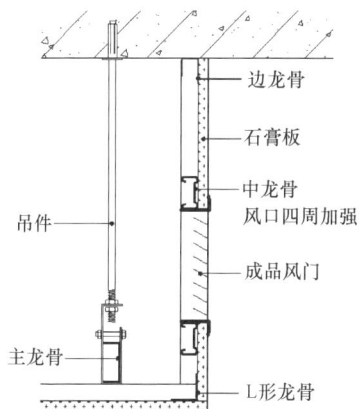

- 边龙骨
- 石膏板
- 中龙骨
- 风口四周加强
- 成品风门
- 吊件
- 主龙骨
- L形龙骨

工艺说明：出风口采用成品风门，风口四周用中龙骨加强固定，用吊件承载重量，吊件间距400～500mm。

010315   吊顶空调顶面出风口节点

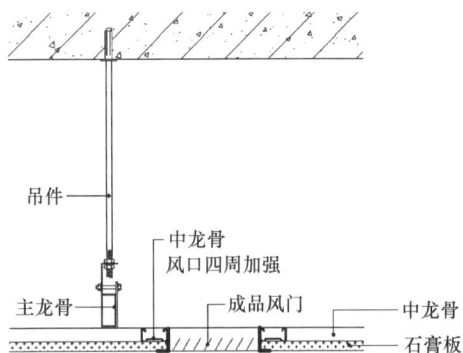

工艺说明：出风口采用成品风门，风口四周用中龙骨加强固定，用吊件承载重量，吊件间距 400～500mm。

010316　石膏板顶棚与瓷砖墙面收口

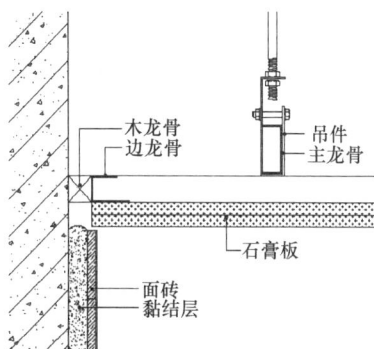

工艺说明：使用木龙骨将边龙骨垫起，边龙骨距离瓷砖完成面不大于5mm，石膏板完成面高于瓷砖顶面3～4mm，嵌缝膏嵌满接缝，高差通过批腻子找平。

010317　石膏板顶棚与石材墙面收口

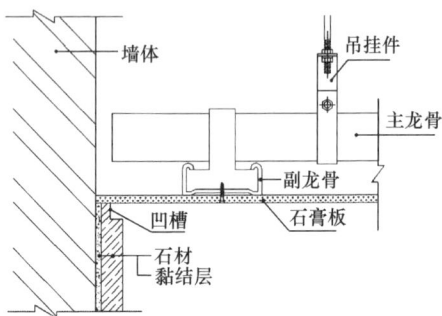

墙体

吊挂件

主龙骨

副龙骨

石膏板

凹槽

石材
黏结层

工艺说明：墙面石材预加工凹槽，槽体须尺寸统一；石材之间拼接部位，凹槽须顺直，整体须平整；石材与石膏板涂料交接清晰，无交叉污染。

010318 暗藏灯节点

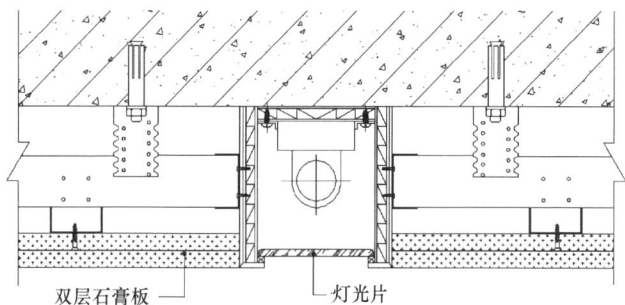

双层石膏板 —————— 灯光片

工艺说明：灯具应安装牢固；内置灯具宜采用冷光源，如采用热光源，灯具与灯光片应保持安全距离；灯具进行照明试验后方可灯光片封板。

010319　U形轻钢龙骨吊平顶施工

龙骨平面布置图

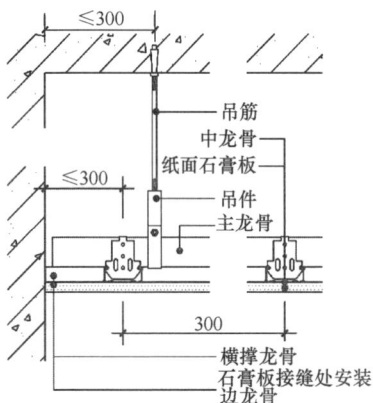

沿主龙骨方向剖面图沿中龙骨方向剖面图

工艺说明:

(1) 邻墙主龙骨与墙面间距小于等于300mm;

(2) 沿主龙骨方向,吊筋与吊筋间距小于等于1200mm,邻墙吊筋与墙面间距小于等于300mm;

(3) 主龙骨与主龙骨间距小于等于1200mm,邻墙中龙骨与墙面间距小于等于300mm;

(4) 中龙骨与中龙骨间距小于等于300mm,横撑龙骨在石膏板接缝处设置;

(5) 吊筋直径为8mm。

010320　卡式龙骨薄吊顶

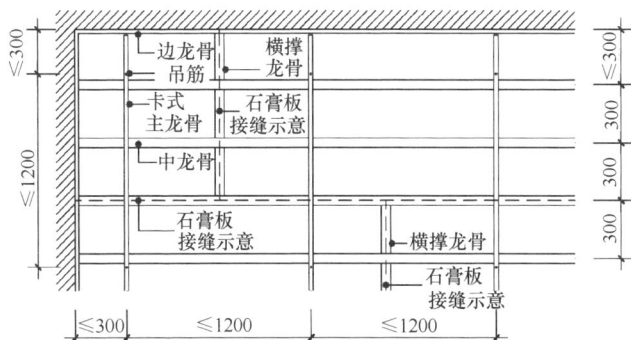

卡式龙骨薄吊顶安装透视图

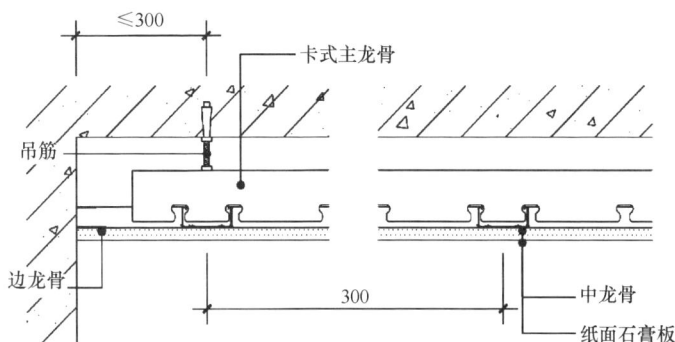

卡式龙骨薄吊顶剖面图

工艺说明：

(1) 邻墙主龙骨与墙面间距小于等于300mm；

(2) 沿主龙骨方向，吊筋与吊筋间距小于等于1200mm，邻墙吊筋与墙面间距小于等于300mm；

(3) 主龙骨与主龙骨间距小于等于1200mm，邻墙中龙骨与墙面间距小于等于300mm；

(4) 中龙骨与中龙骨间距小于等于300mm，横撑龙骨在石膏板接缝处设置。

010321　单层石膏板吊顶与涂料、壁纸墙面处凹槽做法

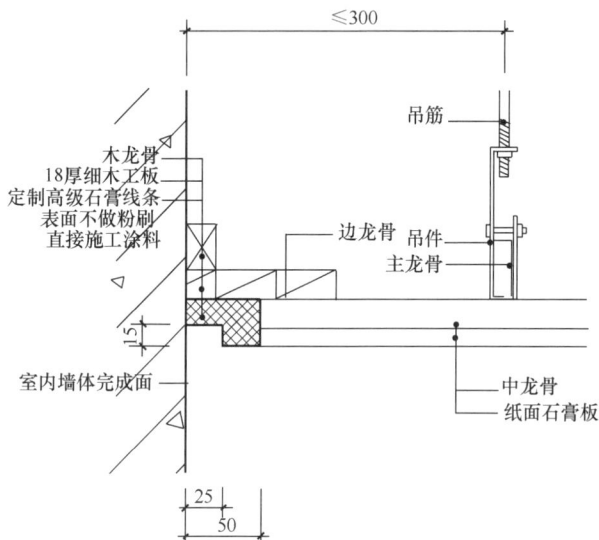

工艺说明：

（1）石膏线条成品一定要求使用精石膏粉制作的高品质石膏线条，确保石膏线条不需要批补腻子，可以直接涂刷乳胶漆；

（2）石膏线条使用粘结石膏粘贴在细木工板基层上，接口及转角处进行局部打磨修补，石膏线条与石膏板连接处使用绷带加强；

（3）细木工板基层不与石膏线条接触部位涂刷防火涂料，使用地板钉固定在墙面，木枕必须防腐液浸泡。

010322 双层石膏板吊顶与涂料、壁纸墙面处凹槽做法

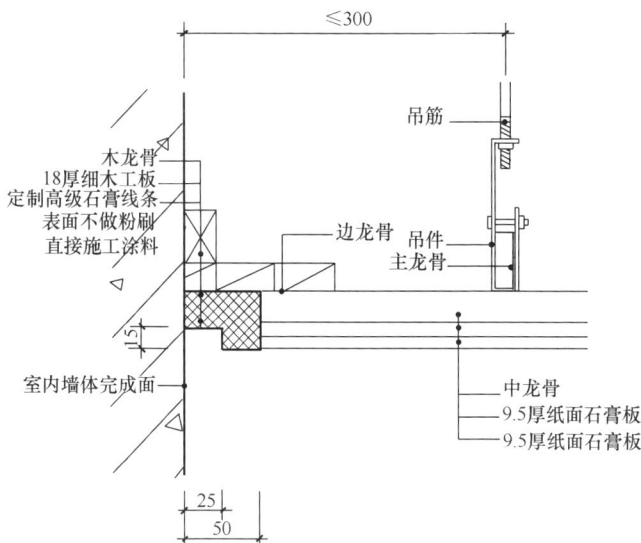

工艺说明：

（1）石膏线条成品一定要求使用精石膏粉制作的高品质石膏线条，确保石膏线条不需要批补腻子，可以直接涂刷乳胶漆；

（2）石膏线条使用粘结石膏粘贴在细木工板基层上，接口及转角处进行局部打磨修补，石膏线条与石膏板连接处使用绷带加强；

（3）细木工板基层不与石膏线条接触部位涂刷防火涂料，使用地板钉固定在墙面，木枕必须防腐液浸泡。

010323　石膏板吊顶与瓷砖、大理石墙面交接凹槽做法

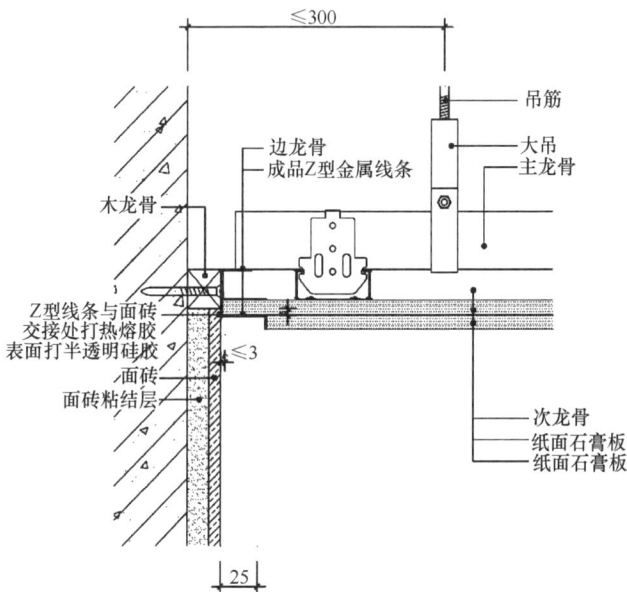

工艺说明：

(1) 瓷砖顶面使用木龙骨压顶，木龙骨与墙面采用垫片调整，使龙骨侧面与瓷砖完成面平齐。Z字形凹槽采用铝合金材质，喷涂白色面漆，厚度为大于等于1mm；

(2) Z字形凹槽与边龙骨L形边龙骨采用自攻螺丝固定在木龙骨上，Z字形、凹槽下压瓷砖5mm，与瓷砖的接缝处打半透明硅胶收头，硅胶宽度小于等于3mm；

(3) 木龙骨六面涂刷防火涂料，木枕必须防腐液浸泡。

010324　浴霸、排风扇安装在石膏板吊顶做法

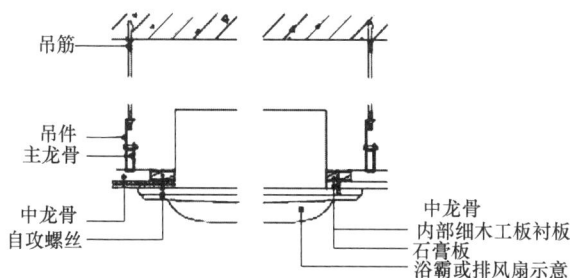

吊筋

吊件
主龙骨

中龙骨
自攻螺丝

中龙骨
内部细木工板衬板
石膏板
浴霸或排风扇示意

①安装剖面图

主龙骨
吊件

中龙骨

中龙骨
浴霸或排风
扇轮廓线示
意

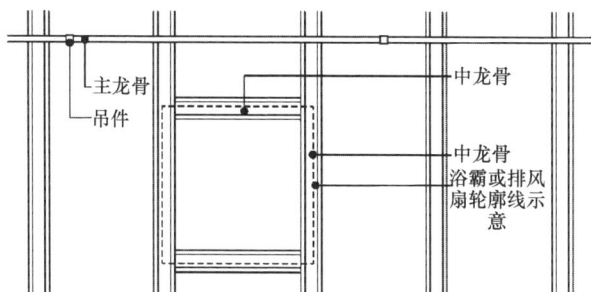

②安装平面示意图

工艺说明：

（1）瓷砖顶面使用木龙骨压顶，木龙骨与墙面采用垫片调整，使龙骨侧面与瓷砖完成面平齐。Z字形凹槽采用铝合金材质，喷涂白色面漆，厚度为大于等于1mm；

（2）Z字形凹槽与边龙骨L形边龙骨采用自攻螺丝固定在木龙骨上，Z字形凹槽下压瓷砖5mm，与瓷砖的接缝处打半透明硅胶收头，硅胶宽度小于等于3mm；

（3）木龙骨六面涂刷防火涂料，木枕必须防腐液浸泡。

010325　铝合金条形扣板吊顶

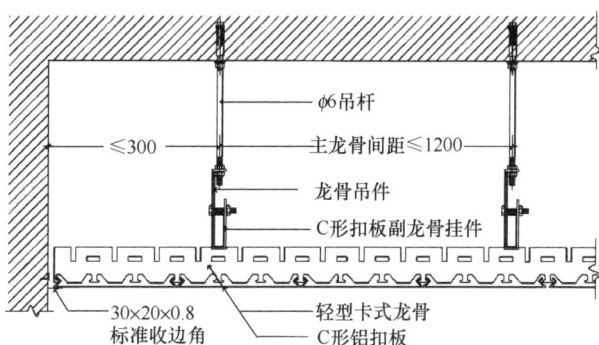

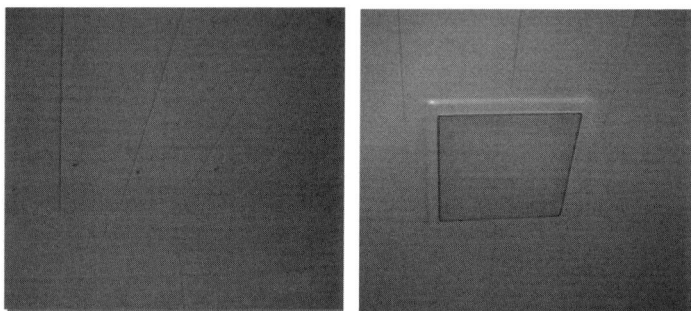

- φ6吊杆
- 主龙骨间距≤1200
- ≤300
- 龙骨吊件
- C形扣板副龙骨挂件
- 30×20×0.8 标准收边角
- 轻型卡式龙骨
- C形铝扣板

工艺说明：若在厨卫间安装铝扣板，钻孔装吊杆时，须加装限位器孔深≤40mm；厨卫间铝扣板使用厚度0.7mm（扣除涂膜保护层）；吸顶灯宽度≤H（扣板宽度）当灯大于扣板宽度时，等居中2块扣板之间；厨卫间如不使用铝扣板吊顶，必须使用埃特板加外墙腻子、外墙涂料材料制作吊顶。

010326 铝合金方形扣板吊顶

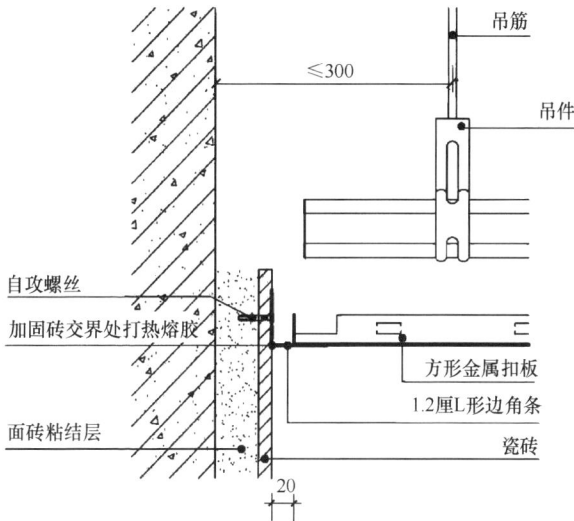

工艺说明：

（1）瓷砖顶面使用木龙骨压顶，木龙骨与墙面采用垫片调整，使龙骨侧面与瓷砖完成面平齐；

（2）L形边龙骨下压瓷砖5mm，上部采用自攻螺丝固定在木龙骨上，与瓷砖的接缝处打半透明硅胶收头，硅胶宽度小于等于3mm；

（3）木龙骨六面涂刷防火涂料，木枕必须防腐液浸泡；

（4）L形边龙骨采用铝合金材质，喷涂同扣板色面漆，厚度为1.2mm。

010327　吊顶留孔做法

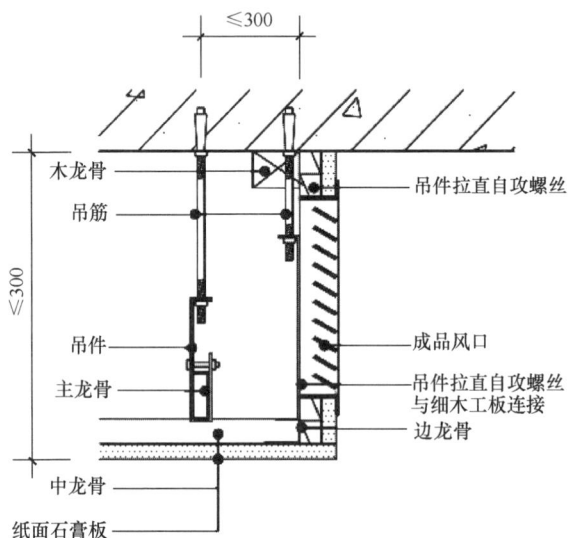

空调风管机侧向风口剖面图（吊顶高度≤300）

工艺说明：

（1）木龙骨六面涂刷防火涂料。细木工板非与石膏板接触的一侧涂刷防火涂料，木枕必须防腐液浸泡；

（2）木龙骨与顶棚固定采用锤击式膨胀钉，钉间距400～500mm；

（3）使用吊筋承载细木工板的重量，吊筋固定在龙骨接缝处，将大吊砸至后用自攻螺丝固定在细木工板上；

（4）本节点需要特别注意防止风口下方细木工板下坠，引起开裂。

010328　空调风管机侧向风口（吊顶高度≤200）细木工板立面

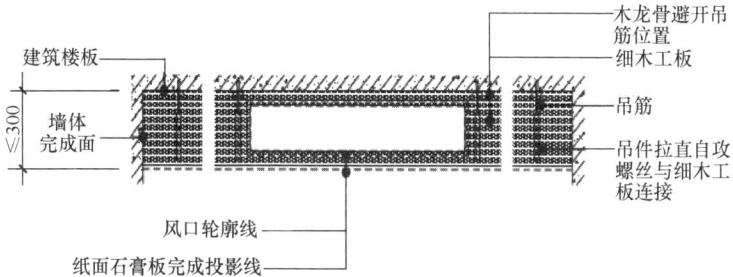

工艺说明：

（1）木龙骨六面涂刷防火涂料。细木工板非与石膏板接触的一侧涂刷防火涂料，木枕必须防腐液浸泡；

（2）木龙骨与顶棚固定采用锤击式膨胀钉，钉间距400~500mm；

（3）使用吊筋承载细木工板的重量，吊筋固定在龙骨接缝处，将大吊砸至后用自攻螺丝固定在细木工板上；

（4）本节点需要特别注意防止风口下方细木工板下坠，引起开裂。

010329　叠级吊顶防开裂示意图

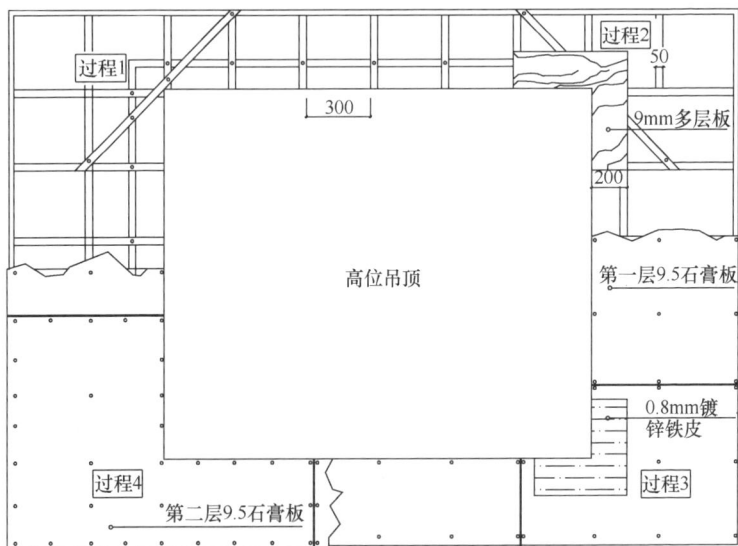

工艺说明：

（1）第一层石膏板，转角处石膏板裁成L形固定，再外贴1.2mm镀锌铁皮。龙骨基架造型内口200mm处增加横撑龙骨、以用来固定L形石膏板。

（2）第一层石膏板与第二层石膏板之间需错缝铺贴，夹层内满涂白乳胶。

（3）副龙骨间距300mm，造型边框四角需增加斜撑龙骨。

010330　阴角槽施工示意图

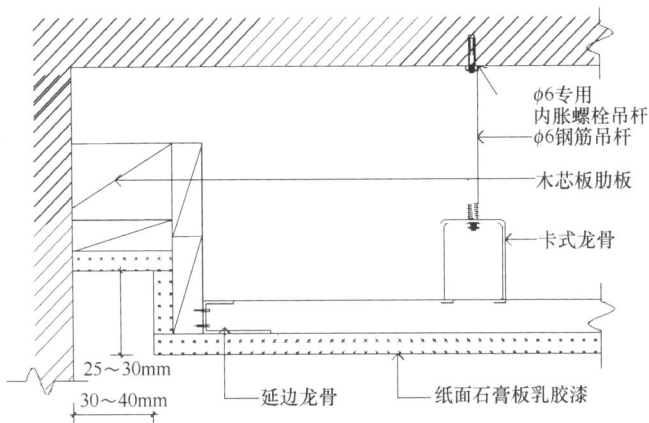

图中标注：
- φ6专用内胀螺栓吊杆
- φ6钢筋吊杆
- 木芯板肋板
- 卡式龙骨
- 延边龙骨
- 纸面石膏板乳胶漆
- 25～30mm
- 30～40mm

工艺说明：楼道天花与墙面交接处设计为凹槽，减少正面开裂隐患，收口在阴角处观感较好。

010331 吊顶成品检修口（不上人）安装示意图

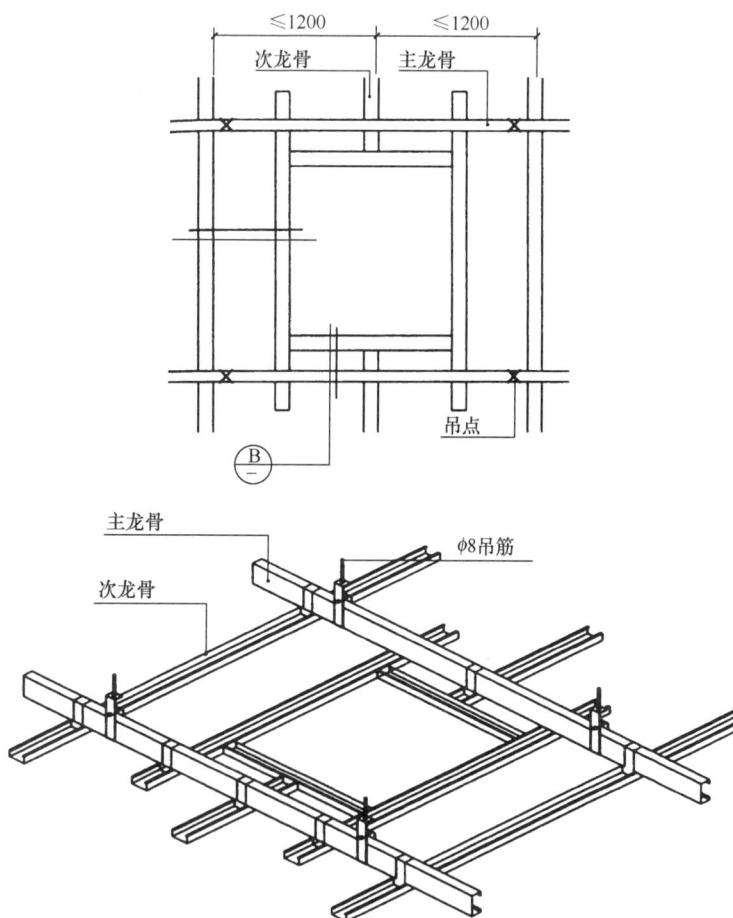

次龙骨　主龙骨
≤1200　≤1200

吊点

Ⓑ

主龙骨
次龙骨
φ8吊筋

工艺说明：吊顶检修口应采用成品检修口，规格满足检修要求，周边龙骨（铝角）龙骨应做加固处理。

010332 吊顶成品检修口（上人）安装示意图

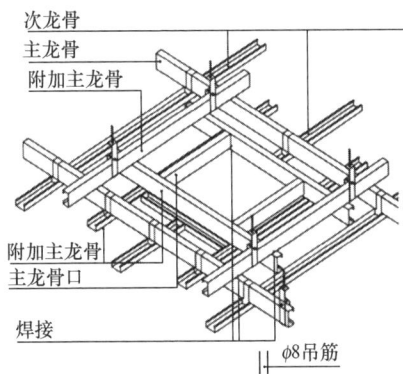

次龙骨
主龙骨
附加主龙骨

附加主龙骨
主龙骨口

焊接

φ8吊筋

工艺说明：

（1）吊顶检修口应采用成品检修口，规格满足检修要求。

（2）检修口上部应四周附加一圈主龙骨，挂件等需从楼板直接固定，下口应根据检修开口大小增设附龙骨，以增加其稳固性。

010333　吊灯安装示意图 1

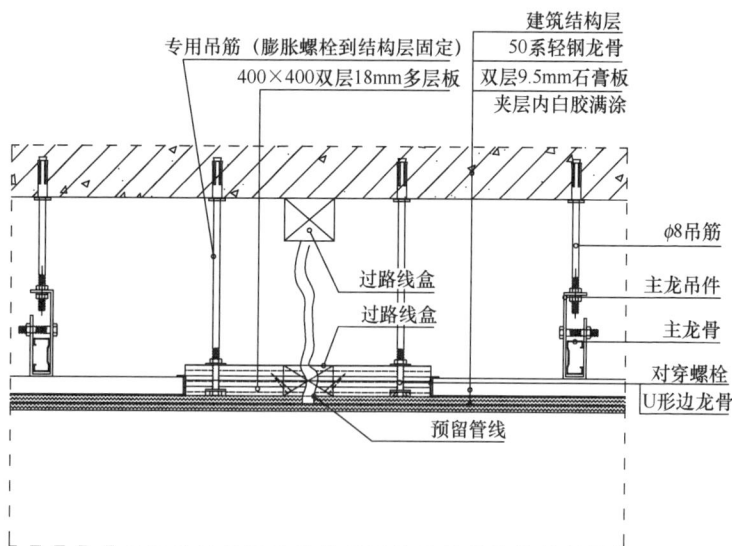

工艺说明：

（1）吊顶检修口应采用成品检修口，规格满足检修要求。

（2）检修口上部应四周附加一圈主龙骨，挂件等需从楼板直接固定，下口应根据检修开口大小增设附龙骨，以增加其稳固性。

010334 吊灯安装示意图 2

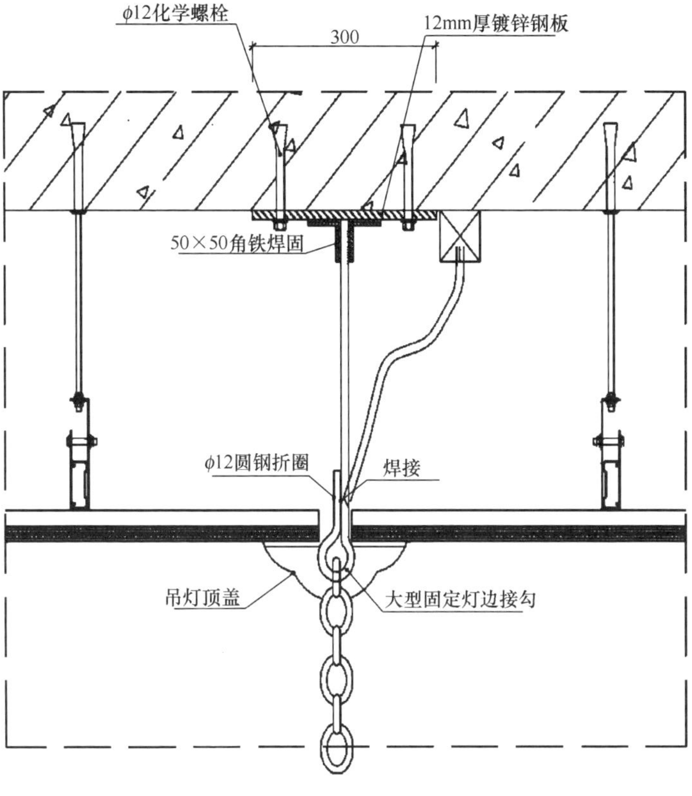

工艺说明：安装重型吊灯时，须在结构楼板底面预设挂钩。（根据拟设灯具重量确定挂钩承载率）。

第四节 厨卫装饰工程

010401 移门式淋浴房石材铺贴

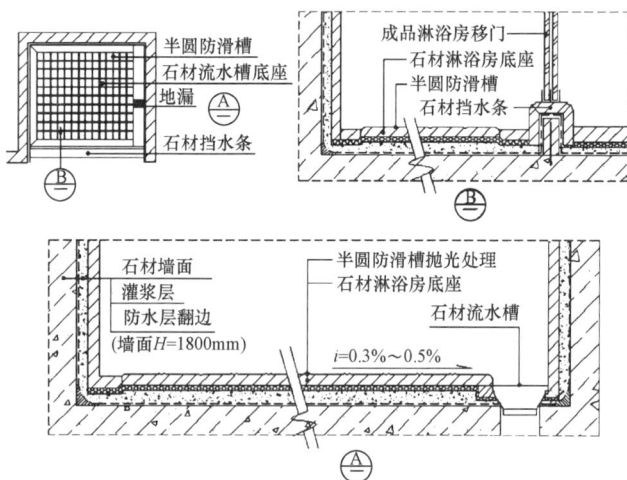

半圆防滑槽
石材流水槽底座
地漏
石材挡水条

成品淋浴房移门
石材淋浴房底座
半圆防滑槽
石材挡水条

石材墙面
灌浆层
防水层翻边
(墙面H=1800mm)

半圆防滑槽抛光处理
石材淋浴房底座
石材流水槽

i=0.3%～0.5%

工艺说明：淋浴房挡水条、地面及墙面石材均采用湿铺工艺施工，地沟应设置一定的排水坡度。

010402 开门式淋浴房石材铺贴

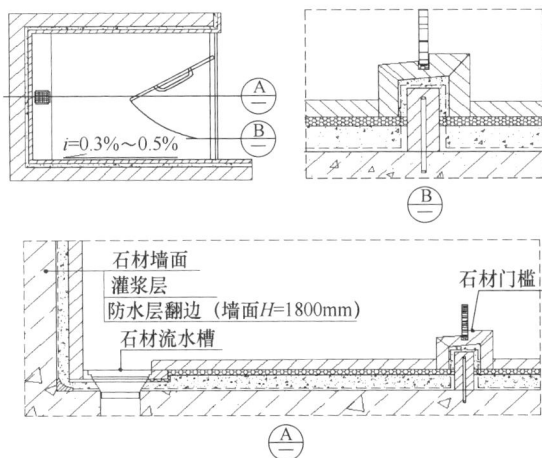

石材墙面
灌浆层
防水层翻边（墙面 H=1800mm）
石材流水槽
石材门槛

◆ **工艺说明**：玻璃固定槽底部应设置橡胶条，两侧应用柔性材料固定，挡水石材应向内设置一定的坡度。石材需用湿贴工艺铺贴。

010403 淋浴房挡水槛与地面交接节点

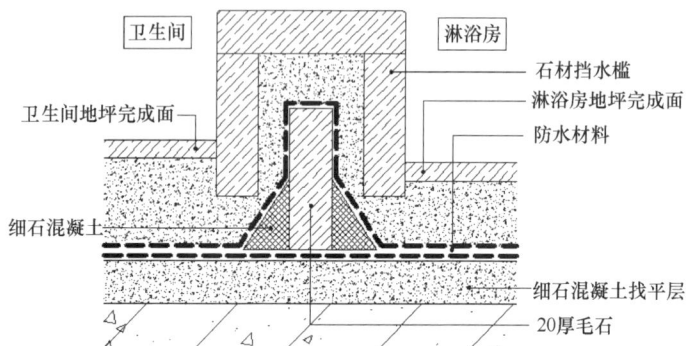

工艺说明：毛石应高出卫生间地坪完成面不小于20mm，毛石端头必须抵紧墙面，两侧使用细石混凝土捣实，毛石可以使用金属板进行替代，使用金属板时其操作要求同毛石。

010404 厨卫门套、门槛石安装

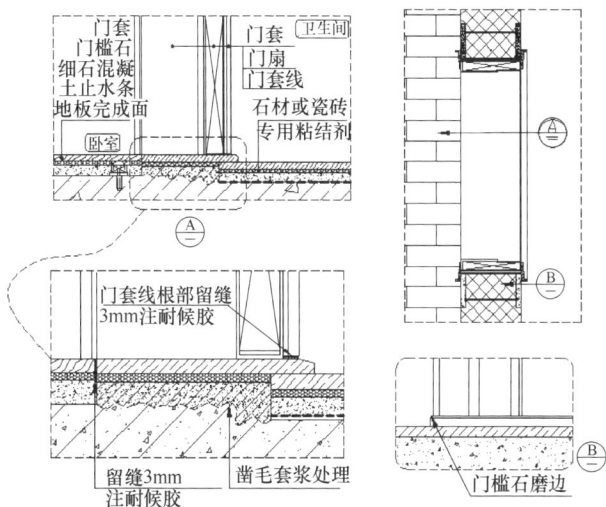

门套
门槛石
细石混凝
土止水条
地板完成面

卧室

门套
门扇
门套线

卫生间

石材或瓷砖
专用粘结剂

A

门套线根部留缝
3mm注耐候胶

留缝3mm
注耐候胶

凿毛套浆处理

A

B

门槛石磨边

B

工艺说明：门樘板下口做止水条，止水条下需凿毛套浆处理，并与地面做统一防水。止水条标高应低于室内水平约10mm，门槛石用专用粘结剂铺贴。石材门槛与地板交接处及门套线根部留3mm缝注耐候胶。门框木质基层需进行三防处理。

010405　厨房拉丝不锈钢与面砖饰面交接节点

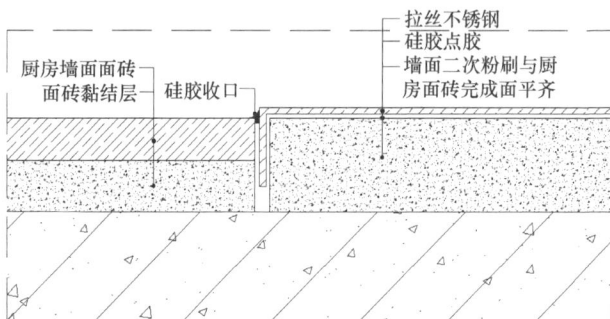

拉丝不锈钢
硅胶点胶
墙面二次粉刷与厨房面砖完成面平齐

厨房墙面面砖
面砖黏结层
硅胶收口

工艺说明：二次粉刷部位厚度控制与面砖完成面齐平，不锈钢与粉刷基层采用硅胶点粘固定，面砖与不锈钢间距1mm，面砖与不锈钢之间打硅胶收头，硅胶宽度≥3mm。

010406　卫生间地漏安装

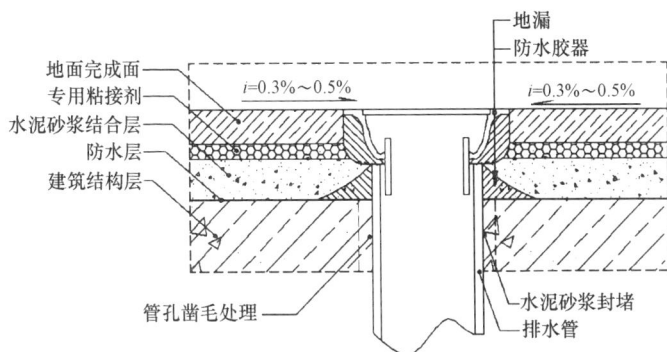

工艺说明：楼板开孔需大于排水管径40～60mm，孔壁需进行凿毛处理。需用专用模具支撑，浇捣需用水泥砂浆分两次以上封堵浇捣密实。地漏的排水管口标高应根据地漏型号确定，使排水管与地漏连接紧密。地漏安装时周边的砂浆应填充密实。地漏、排水管直径需符合排水流量要求，排水管需设置盛（存）水弯。

010407　卫生间现浇素混凝土挡水条节点

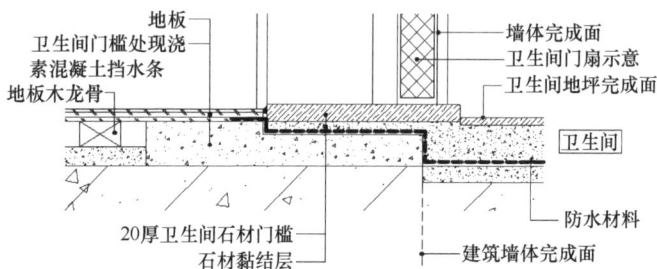

地板
卫生间门槛处现浇
素混凝土挡水条
地板木龙骨

墙体完成面
卫生间门扇示意
卫生间地坪完成面

卫生间

20厚卫生间石材门槛
石材黏结层

防水材料
建筑墙体完成面

工艺说明：挡水条浇捣前，地面、导墙与挡水条接触面必须凿毛，需控制卫生间外侧挡水条的高度，与地板地龙骨完成面一致。

010408 卫生间透光壁龛节点

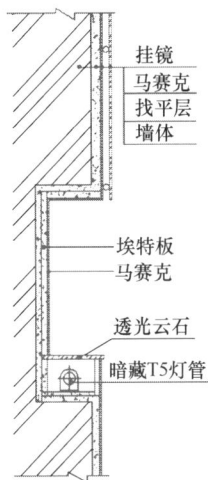

挂镜
马赛克
找平层
墙体

埃特板
马赛克

透光云石

暗藏T5灯管

工艺说明：采用埃特板制作基座，马赛克用专用黏结剂粘贴基座上，整体嵌入墙面，并用泡沫胶固定；云石台板卡槽式安装，宜采用低发热型灯具。

010409　卫生间玻璃隔断与石材墙面交接节点

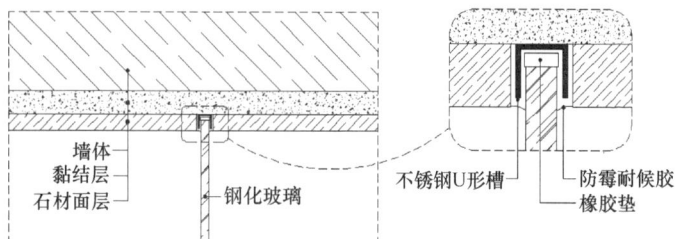

墙体
黏结层
石材面层
钢化玻璃
不锈钢U形槽
防霉耐候胶
橡胶垫

　　工艺说明：玻璃安装前，在两块石材间预埋U形不锈钢槽，用AB胶或云石胶粘结固定，把玻璃嵌入槽内，接缝处打透明防霉耐候胶；U形不锈钢内径规格宽比玻璃厚度大2~4mm，深为15~18mm，壁厚不小于1.2mm；玻璃需四周磨边处理。

010410 台上盆安装

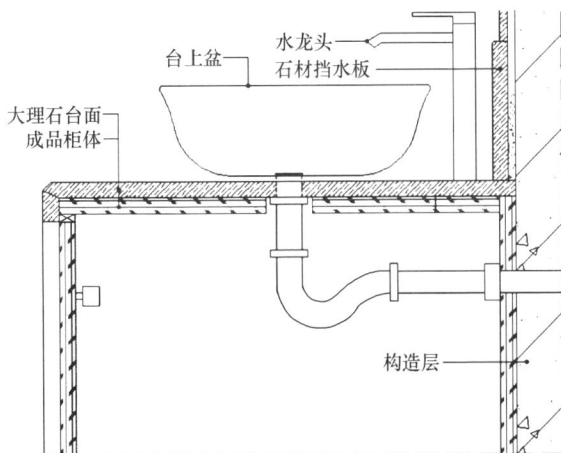

　　工艺说明：台盆与龙头的连接处必须装有平面橡胶垫圈，以防台盆上水渗入下方，龙头必须紧固不得松动。面盆与排水管连接后应牢固密实，且便于拆卸，连接处不得敞口，而且面盆与台面接触部位应用硅膏嵌缝，确保整体安装平整。

010411 台下盆安装

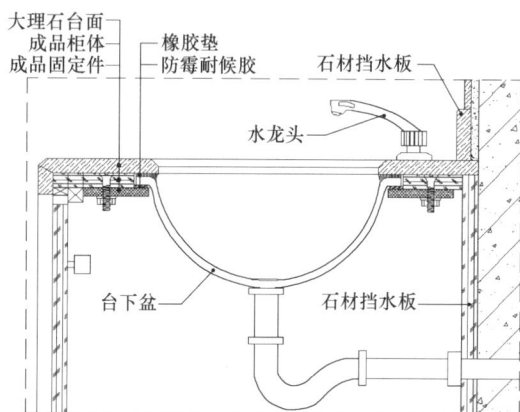

大理石台面
成品柜体
成品固定件
橡胶垫
防霉耐候胶
石材挡水板
水龙头
台下盆
石材挡水板

工艺说明：台盆与龙头的连接处必须装有平面橡胶垫圈，以防台盆上水渗入下方，龙头必须紧固不得松动，在台盆与台面的接触面涂抹一层硅胶作防渗密封处理。

010412　钢架台盆安装

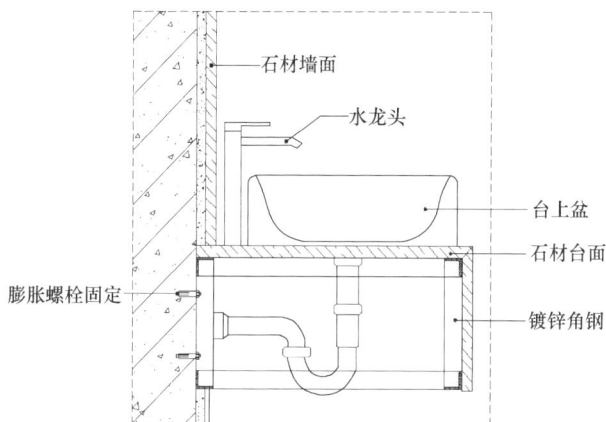

石材墙面
水龙头
台上盆
石材台面
膨胀螺栓固定
镀锌角钢

　　工艺说明：台盆铁架须采用国标镀锌角钢，焊接处作防锈处理。台盆与龙头的连接处必须装有平面橡胶垫圈，以防台盆上水渗入下方，龙头必须紧固不得松动。面盆与排水管连接后应牢固密实，且便于拆卸，连接处不得敞口，而且面盆与台面接触部位应用硅膏嵌缝，确保整体安装平整。

010413　坐便器安装

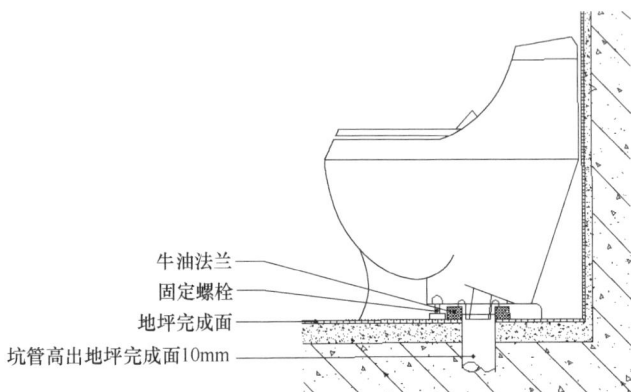

牛油法兰
固定螺栓
地坪完成面
坑管高出地坪完成面10mm

　　工艺说明：一般项目中，坐便器与地坪连接仅需在坐便器与地坪交界周边打硅胶进行固定；对有特别要求的项目，使用环氧胶将螺母粘贴在瓷砖表面，再安装螺栓固定，最后在坐便器与地坪交界周边打硅胶进行固定。

010414 浴缸黄沙衬底安装节点

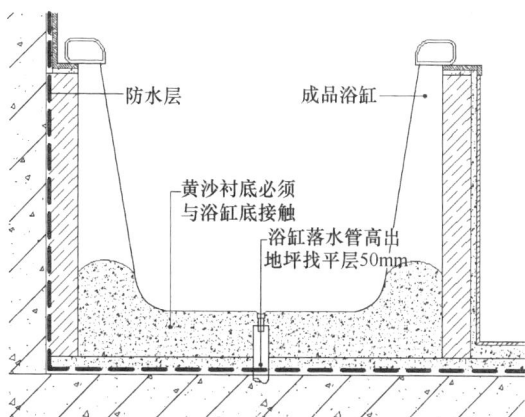

防水层

成品浴缸

黄沙衬底必须
与浴缸底接触

浴缸落水管高出
地坪找平层50mm

工艺说明：不得破坏防水层。已经破坏或没有防水层的，要先作好防水，并经积水渗漏试验。管道高于找平层地坪完成面50mm，黄沙必须与浴缸缸底接触，防止冷凝水。浴缸安装上平面必须用水平尺校验平整，不得侧斜。浴盆上口侧边与墙面结合处应用防霉密封膏填嵌密实。

010415 浴缸嵌入式安装节点

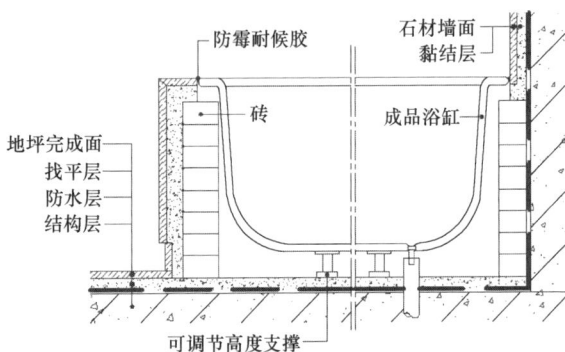

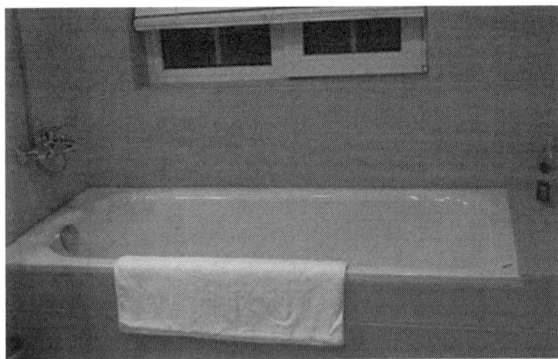

工艺说明：不得破坏防水层。已经破坏或没有防水层的，要先作好防水，并经积水渗漏试验。管道高于找平层地坪完成面50mm，浴缸安装上平面必须用水平尺校验平整，不得侧斜。浴盆上口侧边与墙面结合处应用防霉密封膏填嵌密实。

010416 浴霸、换气扇安装

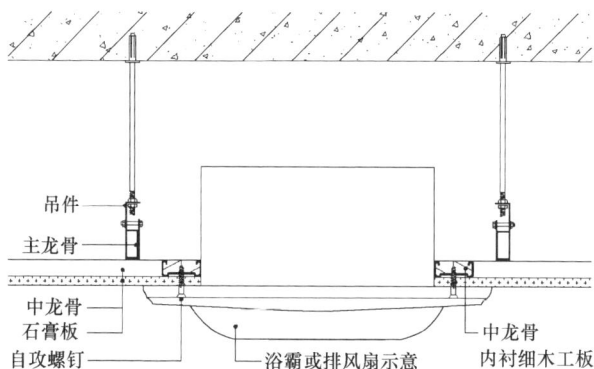

吊件
主龙骨
中龙骨
石膏板
自攻螺钉
中龙骨
内衬细木工板
浴霸或排风扇示意

工艺说明：轻钢龙骨内衬的细木工板必须六面涂刷防火涂料，主机安装时，面罩四周紧贴吊顶，固定不应有歪、斜现象，螺钉必须紧固。

010417　无框镜子玻璃安装

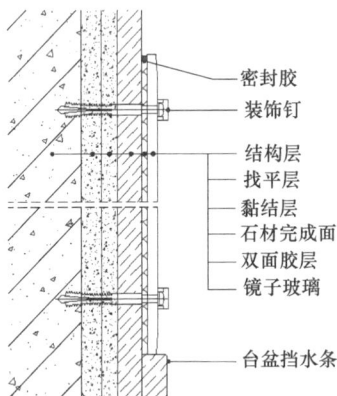

- 密封胶
- 装饰钉
- 结构层
- 找平层
- 黏结层
- 石材完成面
- 双面胶层
- 镜子玻璃
- 台盆挡水条

工艺说明：镜子磨边及镜子四角位置开孔须工厂加工，安装时镜子背面需用 3M 自粘胶膜满贴；镜子应紧贴墙面，固定后镜子四周用防腐密封胶密封。

第五节 门窗工程

010501 铝合金推拉窗制作

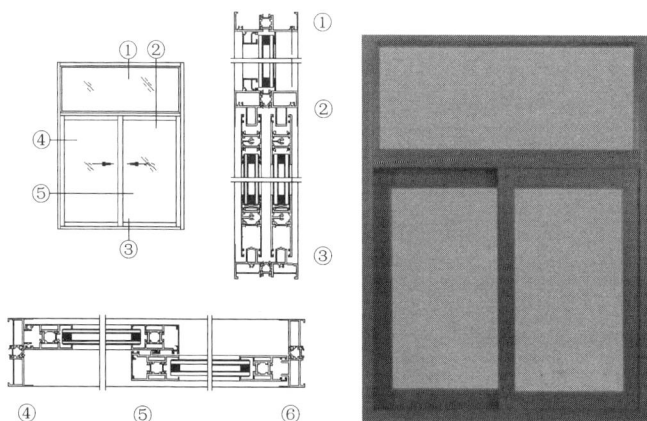

工艺说明：加工制作应在工厂内进行，不得在施工现场制作，推拉窗滑道上的排水孔加工应遵循内扇外孔、外扇内孔的原则，以保证门窗的密封性能，组装前，应清除端部加工毛刺，端部节点以及型材结合部必须采取防水胶等密封措施，以防止渗水。应按选定材料品牌图集进行装配加工。

010502　铝合金平开窗制作

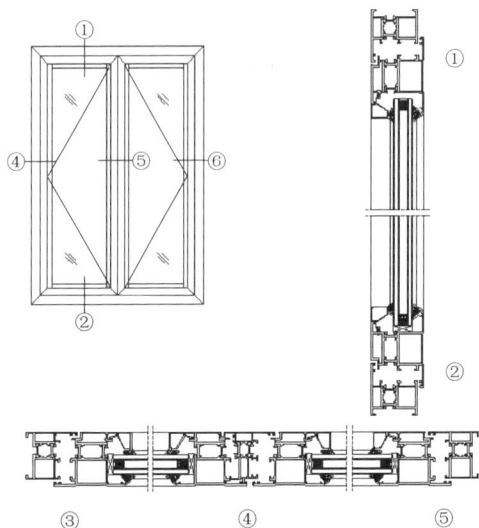

工艺说明：平开窗应在工厂加工制作，开孔、铣槽均使用专用机械制作，保证精度。组装时，中梃与边框拼接部位需打端面胶，窗扇组角时需放置组角钢片，注组角胶。在嵌入胶条时，适当放长，并将四角粘结封闭。应按选定材料品牌图集进行装配加工。

010503 铝合金平开门制作

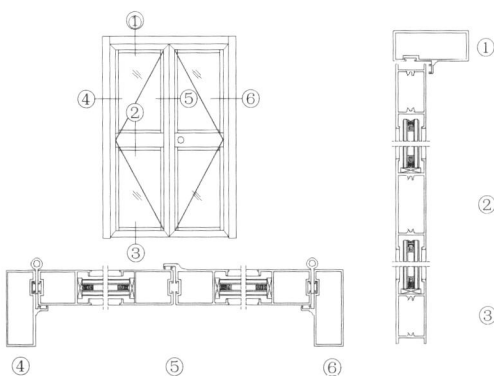

工艺说明：平开窗应在工厂加工制作，开孔、铣槽均使用专用机械制作，保证精度。门扇制作需采用拉筋等稳固工艺，应按选定材料品牌图集进行装配加工。

010504　铝合金折叠门制作

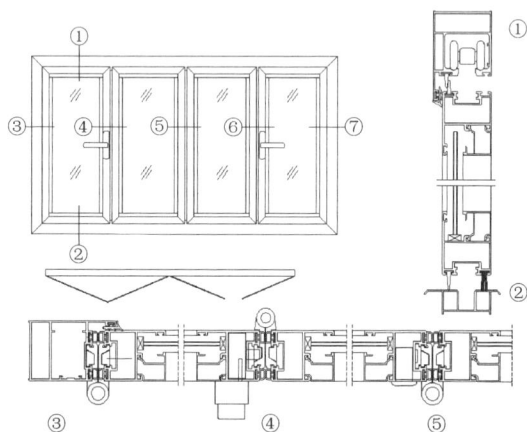

工艺说明：折叠门需在工厂制作，注意配件与铝材的搭配，门扇制作时严格遵守铝合金门加工工艺要求。

010505 铝木门窗制作

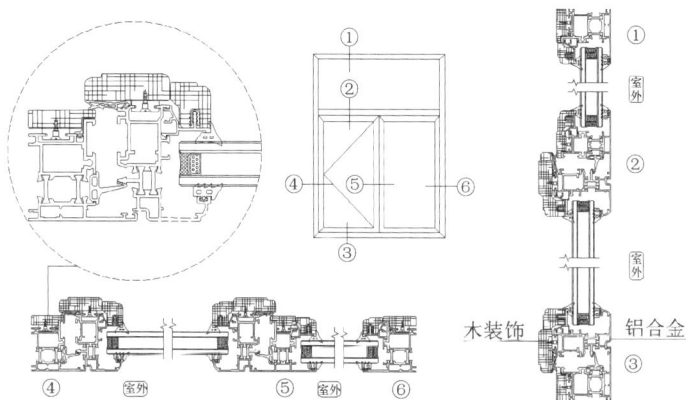

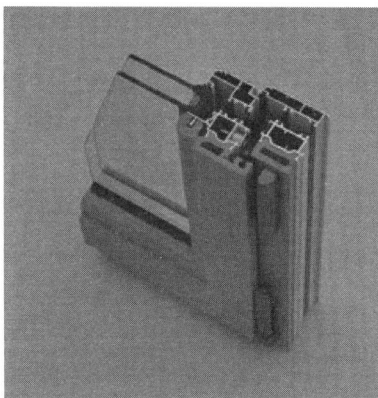

工艺说明：木材应选用同一树种材料，集成材的含水率应在 8%～15%，甲醛释放含量不大于 1.5mg/L。可视面拼条长度应大于 250mm，宽度方向无拼接，厚度方向相邻层的拼接缝应错开，指接缝隙紧密，棱角部位应为圆角。

010506　塑钢窗制作

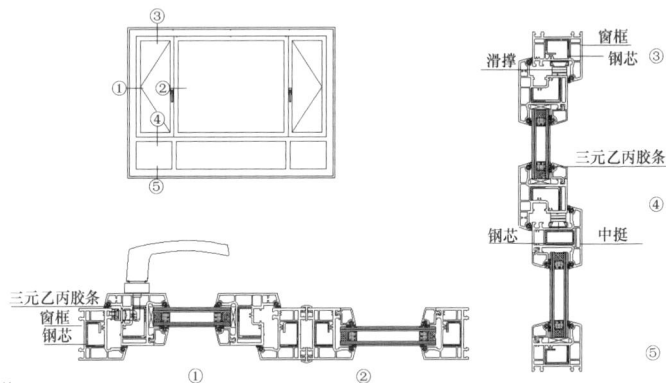

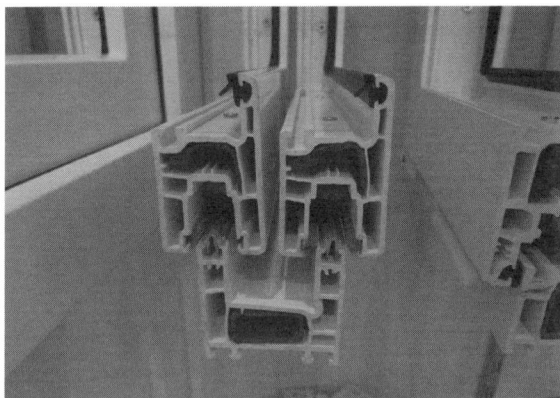

> **工艺说明:** 塑钢窗制作时,型材内腔必须加钢芯。另外,对五金件装配处及组合门窗拼接处必须加入钢芯,钢芯的装配在不影响焊接的部位预先插入并固定,焊接时要注意焊接温度和夹力。

010507 玻璃栏板制作及安装

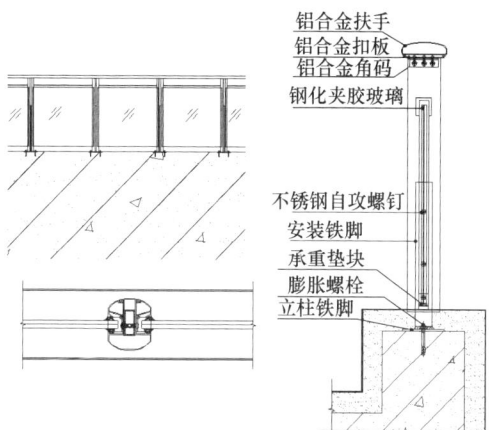

铝合金扶手
铝合金扣板
铝合金角码
钢化夹胶玻璃

不锈钢自攻螺钉
安装铁脚
承重垫块
膨胀螺栓
立柱铁脚

> **工艺说明：** 连接铁脚先通过螺栓固定于结构面上，待土建施工完成后，将栏板立柱套入铁脚，通过螺丝与铁脚固定，并采用扣盖对立柱侧面进行封闭。

010508 铝窗带付框安装

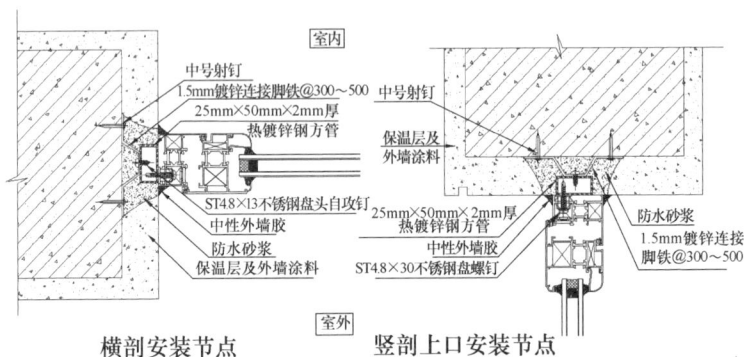

横剖安装节点　　　竖剖上口安装节点

1.外窗框

2.窗户附框

3.内窗框

工艺说明：付框安装前需对安装位置进行复核，材料规格按设计要求确定，附框通过连接铁脚固定于结构上，与结构间缝隙采用防水砂浆进行填缝，铝合金窗框通过螺钉固定于附框上。

010509 铝窗无付框安装

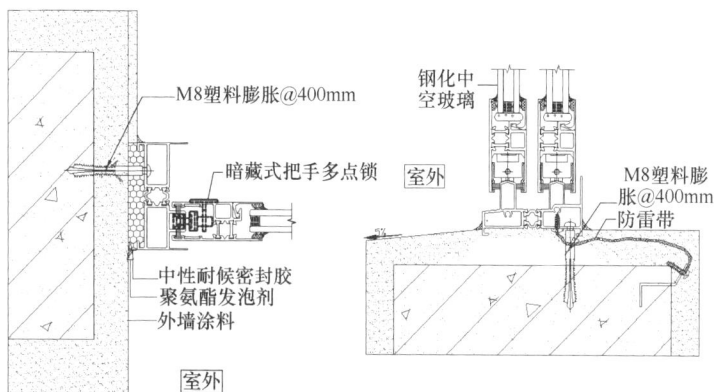

M8塑料膨胀@400mm

暗藏式把手多点锁

钢化中空玻璃

室外

M8塑料膨胀@400mm
防雷带

中性耐候密封胶
聚氨酯发泡剂
外墙涂料

室外

工艺说明：铝合金窗框通过连接铁脚或膨胀螺丝直接固定于结构面上，上、左、右三边采用发泡剂进行塞缝处理，下口采用防水砂浆进行填塞。

010510 全玻地弹门安装

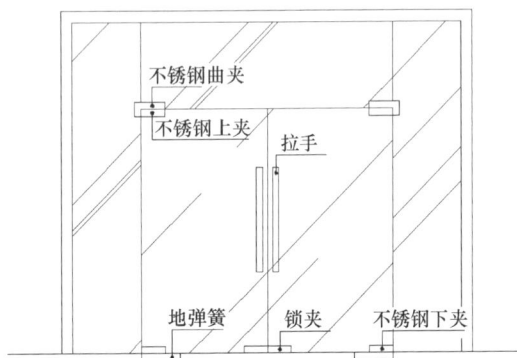

工艺说明：门玻璃加工前需按五金件安装的要求进行开槽或开孔处理，需根据玻璃门的尺寸和重量选择地弹簧的型号。

010511 成品门套安装

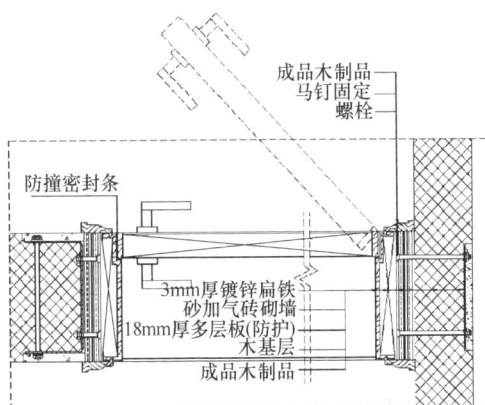

成品木制品
马钉固定
螺栓

防撞密封条

3mm厚镀锌扁铁
砂加气砖砌墙
18mm厚多层板(防护)
木基层
成品木制品

工艺说明：轻质墙体采用U形镀锌扁铁对穿螺栓固定，门框及门扇均按设计要求。现场复核尺寸后，工厂加工制作，现场成品安装。门框基层采用18mm多层板防火、防潮处理。成品门套木皮厚度应不低于0.6mm，油漆需符合环保要求。成品门套背面必须刷防潮漆或贴平衡纸。房门均须配置门吸或门阻，安装位置根据现场实际位置确定。门套企口边嵌橡胶防撞条（色系与木饰面相同）。靠墙处门套线，为使其与墙面拼接密缝，外面门套线比里面做大10mm。

010512　普通窗帘盒安装

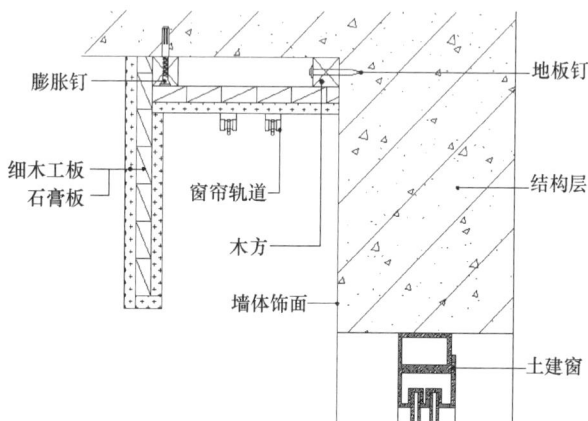

膨胀钉

细木工板
石膏板

窗帘轨道

木方

墙体饰面

地板钉

结构层

土建窗

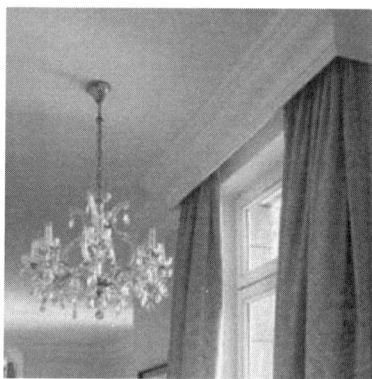

工艺说明：木龙骨应做好防火防腐处理，细木工板与石膏板接触一侧涂刷防火涂料；木龙骨与顶棚固定采用锤击式膨胀钉，与墙面固定采用地板钉，钉间距 400～500mm。

010513 暗藏窗帘盒安装

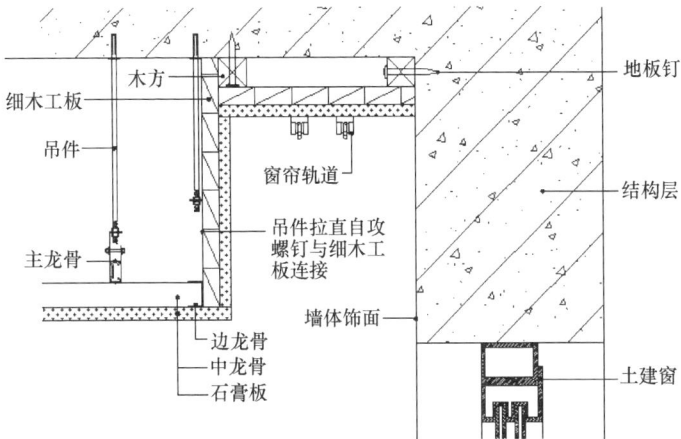

图中标注：
- 木方
- 细木工板
- 吊件
- 主龙骨
- 边龙骨
- 中龙骨
- 石膏板
- 窗帘轨道
- 吊件拉直自攻螺钉与细木工板连接
- 墙体饰面
- 地板钉
- 结构层
- 土建窗

工艺说明：木龙骨应做好防火防腐处理，细木工板与石膏板接触一侧涂刷防火涂料；木龙骨采用地板钉与顶棚、墙面固定，钉间距400～500mm。使用吊筋承载窗帘盒的重量，安装时将大吊砸直，用自攻螺钉固定在细木工板上，吊筋与吊筋间距≤1200mm。

010514 窗帘盒木基层接口

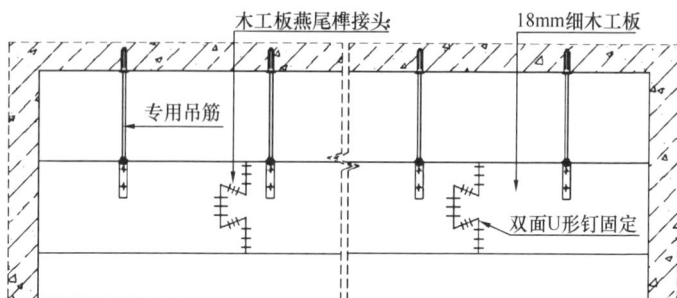

工艺说明：固定木基层结构的吊杆间距不大于600mm；窗帘盒细木工板对接连接处需用燕尾榫进行连接，以增加窗帘盒的抗拉力，背面采用细木工板加固，每段搭接长度不小于200mm，采用自攻螺钉固定；跌级吊顶高度≥200mm的侧封板时，应设置燕尾榫；细木工板基层需进行防火处理。

010515 普通窗台面铺贴石材

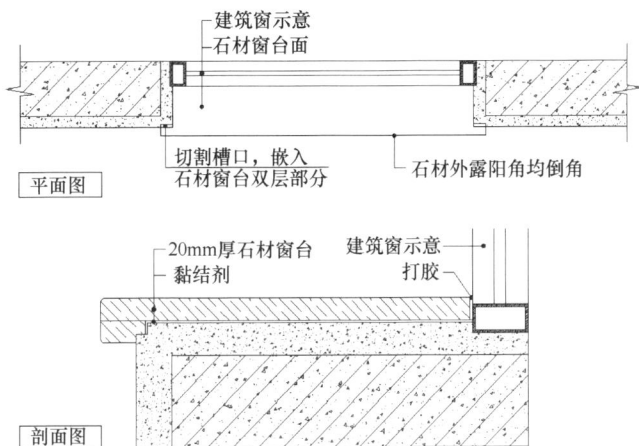

建筑窗示意
石材窗台面

切割槽口，嵌入
石材窗台双层部分

石材外露阳角均倒角

平面图

20mm厚石材窗台
黏结剂

建筑窗示意
打胶

剖面图

工艺说明：石材台面邻窗框处，留置3～4mm间隙，用同色玻璃胶收口，石材台面与基层采用黏结剂粘贴；浅色石材台板，需采用白色石材黏结剂施工；石材饰面要求安装平整、缝隙严密。

010516 凸窗台面铺贴石材

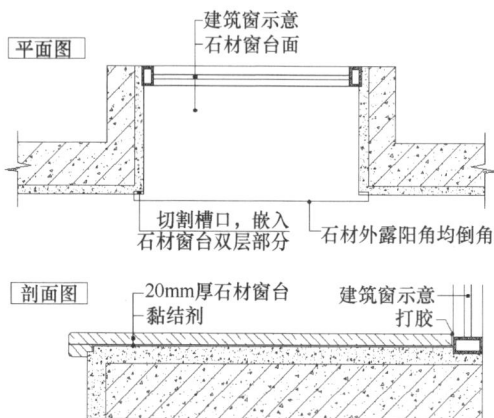

工艺说明：石材台面邻窗框处，留置3～4mm间隙，用同色玻璃胶收口，石材台面与基层采用黏结剂粘贴；浅色石材台板，需采用白色石材黏结剂施工；石材饰面要求安装平整、缝隙严密。

010517 凸窗台面石材粘结剂条粘法

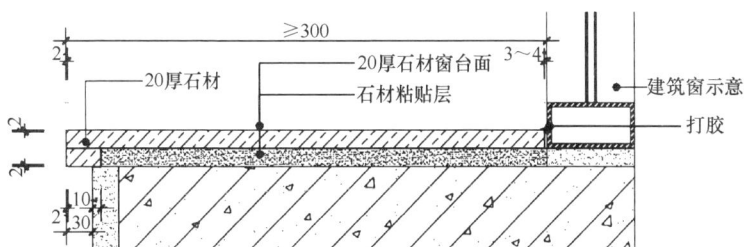

凸窗台面贴石材剖面

工艺说明：

（1）石材台面邻窗型材处，留置3～4mm间隙，大硅胶收头，硅胶宽度小于等于6mm；

（2）石材台面与基层采用间距300mm的粘结剂条粘方式进行粘贴；

（3）需注意台面的倒角部位；

（4）窗台基层墙面处位须切割20mm高，25mm宽，20mm深的边槽，使台面双层部位嵌入。

010518　凸窗台面石材砂浆满铺法

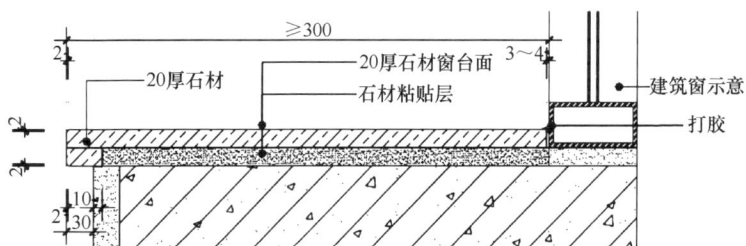

凸窗台面贴石材剖面

工艺说明：

（1）石材台面邻窗型材处，留置3～4mm间隙，大硅胶收头，硅胶宽度小于等于6mm；

（2）基层满铺干硬砂浆，浇浆铺设石材台面；

（3）需注意台面的倒角部位；

（4）窗台基层墙面处位须切割20mm高，25mm宽，20mm深的边槽，使台面双层部位嵌入。

010519 普通窗台贴石材

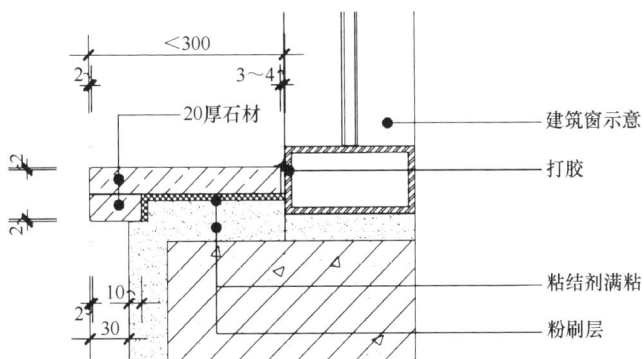

普通窗台面贴石材剖面

工艺说明：

（1）石材台面邻窗型材处，留置3～4mm间隙，大硅胶收头，硅胶宽度小于等于6mm；

（2）石材台面与基层采用粘结剂粘满粘方式进行粘贴；

（3）需注意台面的倒角部位；

（4）窗台基层墙面处位须切割20mm高，25mm宽，20mm深的边槽，使台面双层部位嵌入。

010520 成品门套施工示意图 01

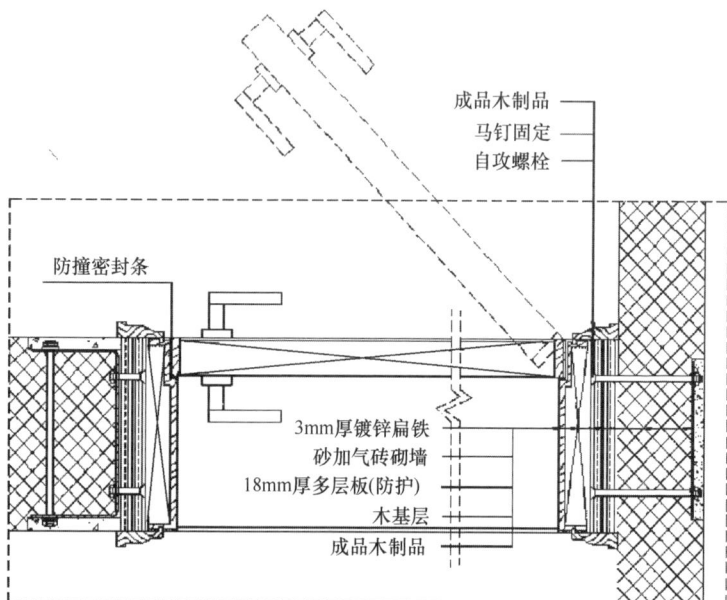

成品木制品
马钉固定
自攻螺栓
防撞密封条
3mm厚镀锌扁铁
砂加气砖砌墙
18mm厚多层板(防护)
木基层
成品木制品

工艺说明:

(1) 轻质墙体采用 U 形镀锌扁铁对穿螺栓固定,门框及门扇均按设计要求。现场复核尺寸后,工厂加工制作,现场成品安装。

(2) 门框基层采用 18mm 多层板防火、防潮处理。

(3) 成品门套木皮厚度应不低于 6℃,油漆需符合环保要求。

(4) 成品门套背面必须刷防潮漆或贴平衡纸。

(5) 房门均须配置门吸或门阻,安装位置根据现场实际位置确定。门套企口边嵌橡胶防撞条(色系与木饰面相同)。

(6) 靠墙处门套线为使与墙面拼接密缝,外面门套线比里面做大 10mm。

010521 成品门套施工示意图 02

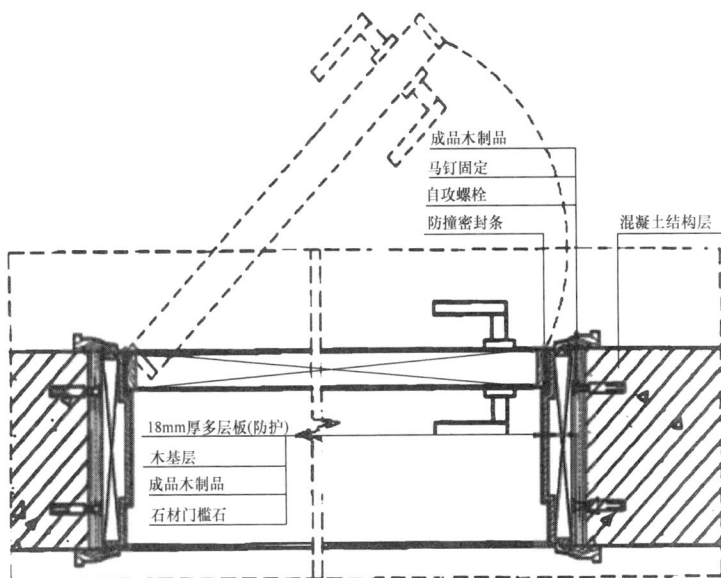

成品木制品
马钉固定
自攻螺栓
防撞密封条
混凝土结构层

18mm厚多层板(防护)
木基层
成品木制品
石材门槛石

工艺说明：

(1) 门框及门扇均按设计要求，现场复核尺寸后，工厂加工制作。

(2) 门框基层采用 18mm 多层板防火、防潮处理。

(3) 成品门套木皮厚度应不低于 6℃，油漆需符合环保要求。

(4) 成品门套背面必须刷防潮漆或贴平衡纸。

(5) 门套内外门套线双面做收口，以使内外统一、美观。

(6) 房门均须配置门吸或门阻，安装位置根据现场实际位置确定。门套企口边嵌橡胶防撞条（色系与木饰面相同）。

(7) 靠墙处门套线为使与墙面拼接密缝，外面门套线比里面做大 10mm。

010522 移门示意图 01

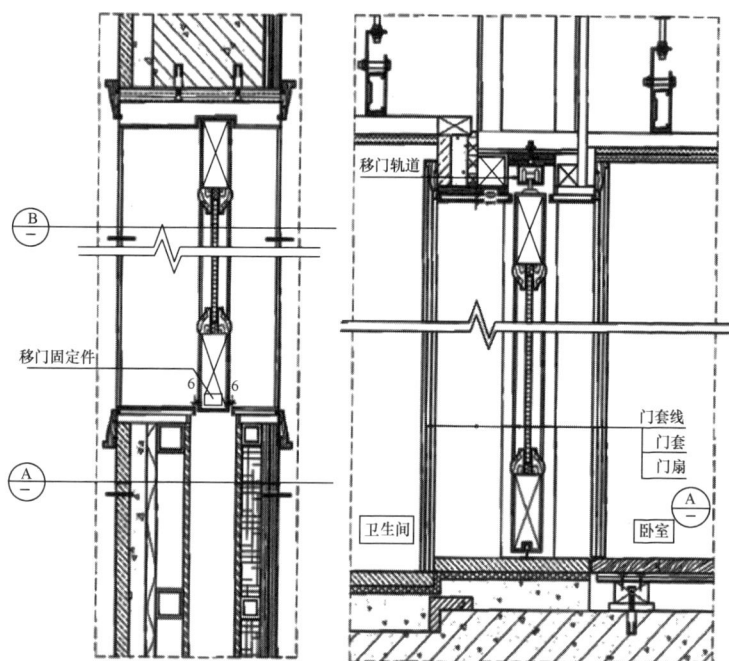

工艺说明：

（1）门框及门扇均按设计要求，现场复核尺寸后，工厂加工制作。

（2）门框基层采用 18mm 多层板防火、防潮处理。

（3）成品门套木皮厚度应不低于 60 丝，油漆需符合环保要求。

（4）成品门套背面必须刷防潮漆或贴平衡纸。

（5）门的安装高度需高于门套 10mm，门下口需装定位条。

（6）暗藏门缝宽度应大于门最宽处 8～12mm。

010523 移门示意图 02

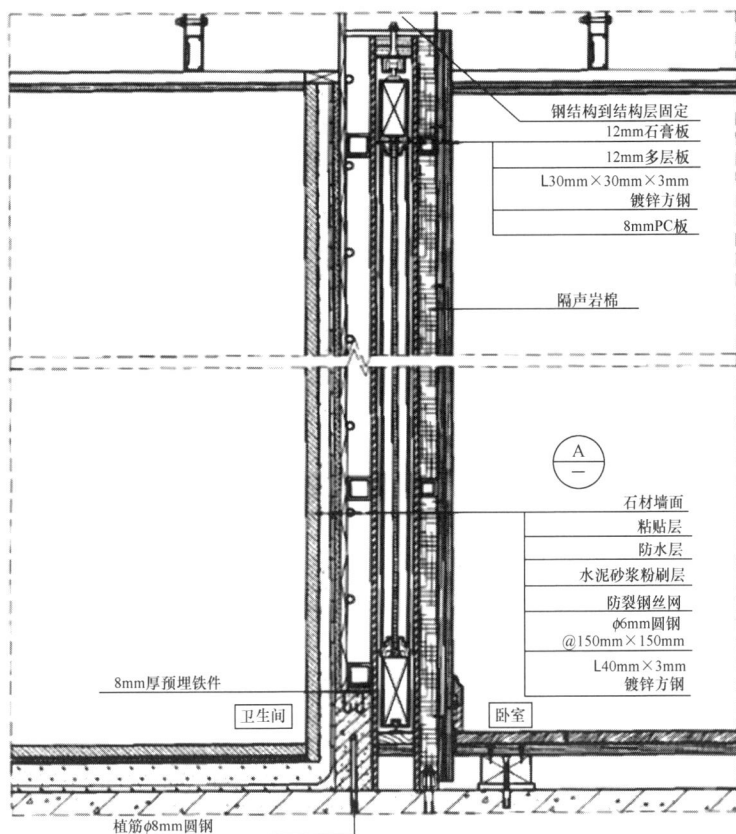

钢结构到结构层固定
12mm石膏板
12mm多层板
L30mm×30mm×3mm
镀锌方钢
8mmPC板

隔声岩棉

石材墙面
粘贴层
防水层
水泥砂浆粉刷层
防裂钢丝网
φ6mm圆钢
@150mm×150mm
L40mm×3mm
镀锌方钢

8mm厚预埋铁件

卫生间

卧室

植筋φ8mm圆钢

工艺说明：

(1) 门框凹槽内侧侧板需安装FC板。

(2) 门的安装高度需高于门套10mm，门下口需装定位条。

(3) 暗藏门缝宽度应大于门最宽处8～12mm。

010524　窗帘盒木基层接口制作示意图

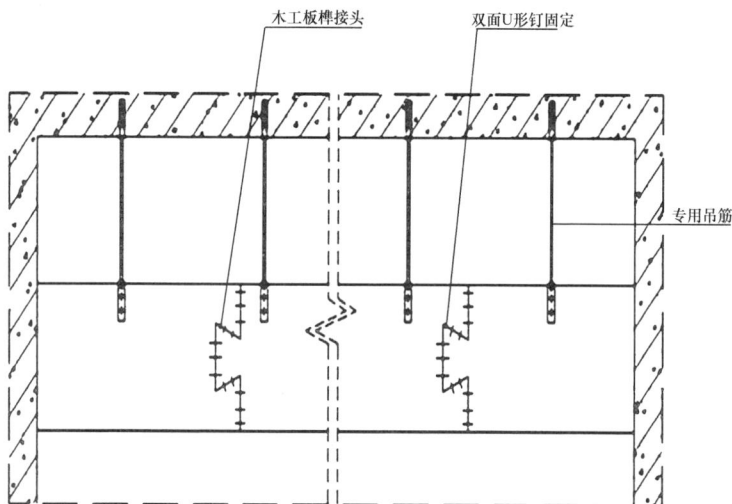

木工板榫接头　　双面U形钉固定

专用吊筋

工艺说明：窗帘箱细木工板对接连接处需用燕尾榫进行连接，以增加窗帘箱的抗拉力。细木工板基层需进行防火处理。

010525 窗帘盒制作示意图

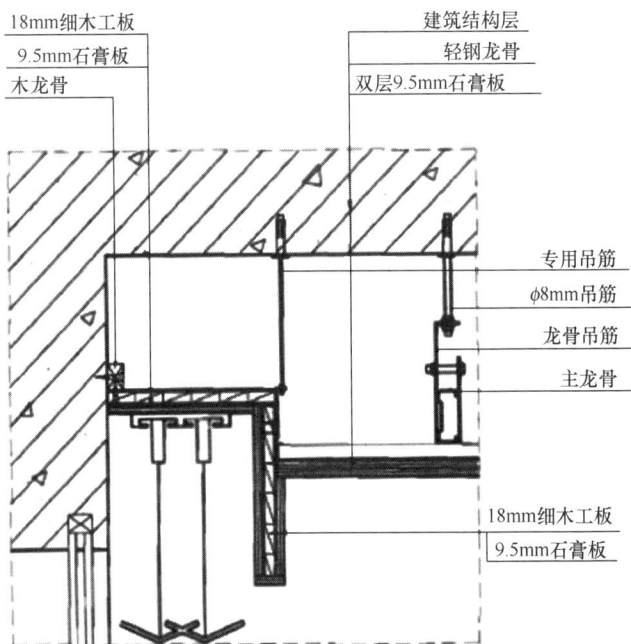

18mm细木工板
9.5mm石膏板
木龙骨

建筑结构层
轻钢龙骨
双层9.5mm石膏板

专用吊筋
φ8mm吊筋
龙骨吊筋
主龙骨

18mm细木工板
9.5mm石膏板

工艺说明：

（1）为防止开裂，窗帘箱外侧需增加一层石膏板，石膏板与细木工板夹层需满涂白乳胶。

（2）采用电动卷帘时，须在窗帘盒上方预留电源。

（3）木基层需进行防火处理。

第二章 建 筑 幕 墙

第一节 建筑幕墙埋件

020101 板式埋件

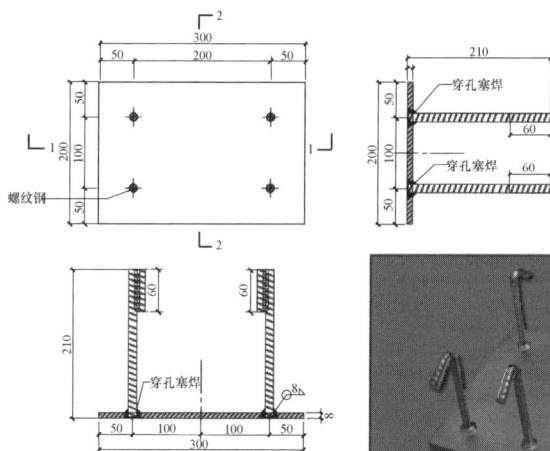

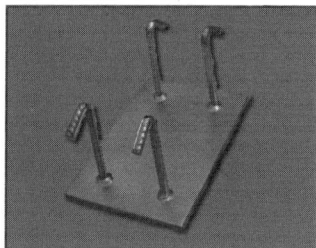

工艺说明：板式埋件是由锚板与锚筋通过焊接而成的一种埋件。板式埋件的锚筋可制成各种形状，如直线形、弯折形、弯钩形、弯折弯钩形等，其中常用的形状有直线形、弯折形、弯钩形。承载能力强，其抗剪承载力设计值可达到55kN，抗拉承载力设计值可达到140kN；接触面大，调节范围大，如角钢码或转接件与埋件进行焊接时接触面大。调节的范围比较大，吸收误差大，安装位置偏差可达到±20mm。

020102　板槽式埋件

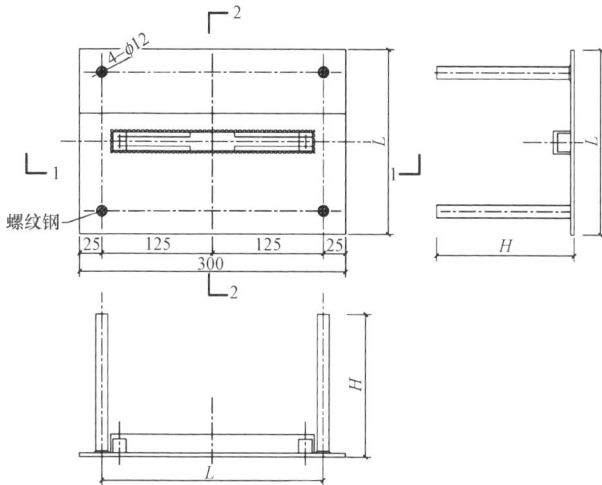

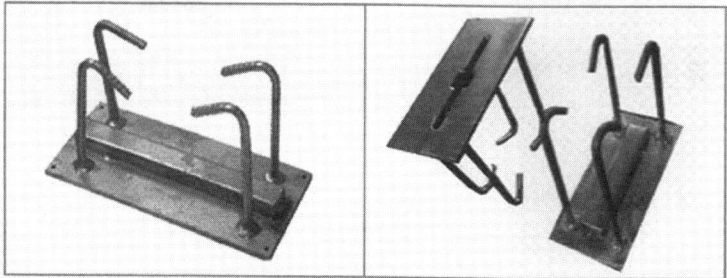

工艺说明：此种埋件在普通爪式预埋件基础上增加了预留槽，连接起来非常方便，即使在埋件位置误差较大的情况下，也可像普通埋件一样焊接处理，灵活性较大。

020103 槽式（哈芬槽）埋件

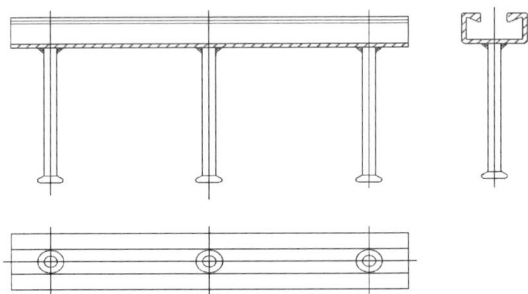

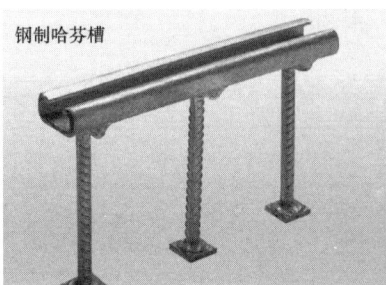

钢制哈芬槽

铝制哈芬槽

工艺说明：哈芬槽式预埋件按材料不同可分为钢制哈芬槽预埋件和铝制哈芬槽预埋件。钢制哈芬槽预埋件基本技术要求如下：（1）C形钢及工字钢均为热轧制造。（2）材质为Q235B。（3）表面热浸镀锌处理，锌层厚度不小于55μm。（4）C形槽常规长度为300mm，锚筋常规长度为80mm。铝制哈芬槽预埋件一体成型，表面平整度较好。

020104　后置埋件

020104.1　后置埋板

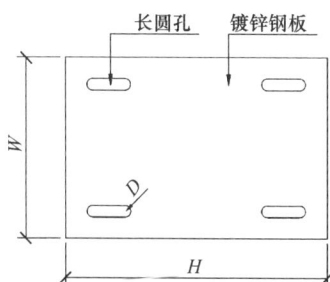

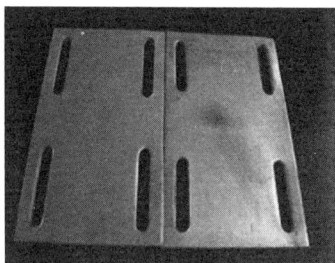

工艺说明：后置埋板安装步骤主要为：（1）测量放线；（2）螺杆铁板安装；（3）铁板调整、固定。后置埋板施工要求为：（1）基体混凝土需满足设计要求，表面无明显缺陷；（2）在锚固孔的周围混凝土应不存在缺陷，锚孔深度范围内应基本干燥；锚孔应用空压机或手动气筒吹净孔内粉屑；（3）不宜在与化学植筋或化学锚栓接触的连接件上进行焊接操作；（4）孔边离埋件边距离不得小于两倍埋件壁厚；（5）孔距和数量根据计算结果布置。

020104.2　锚固件

020104.2.1　化学锚

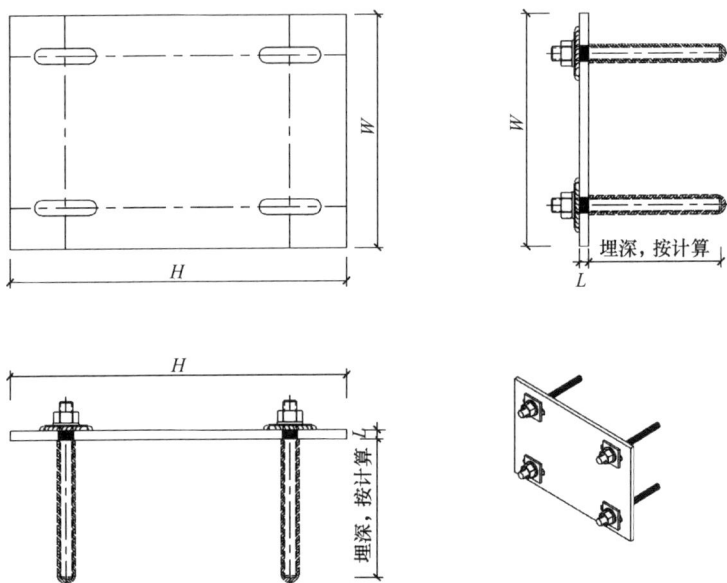

工艺说明：对于后置埋件锚固件的选用除了考虑锚固件本身性能差异外，还应考虑结构基材性能、锚固连接的受力性质、被连接结构类型以及有无抗震设防要求等因素的综合影响。后置埋件的锚固方式有化学锚栓锚固以及机械锚栓锚固。化学锚栓是通过特制的化学粘结剂，将螺杆胶结固定于混凝土基材钻孔中，以实现对固定件锚固的复合件。

020104.2.2 机械锚栓

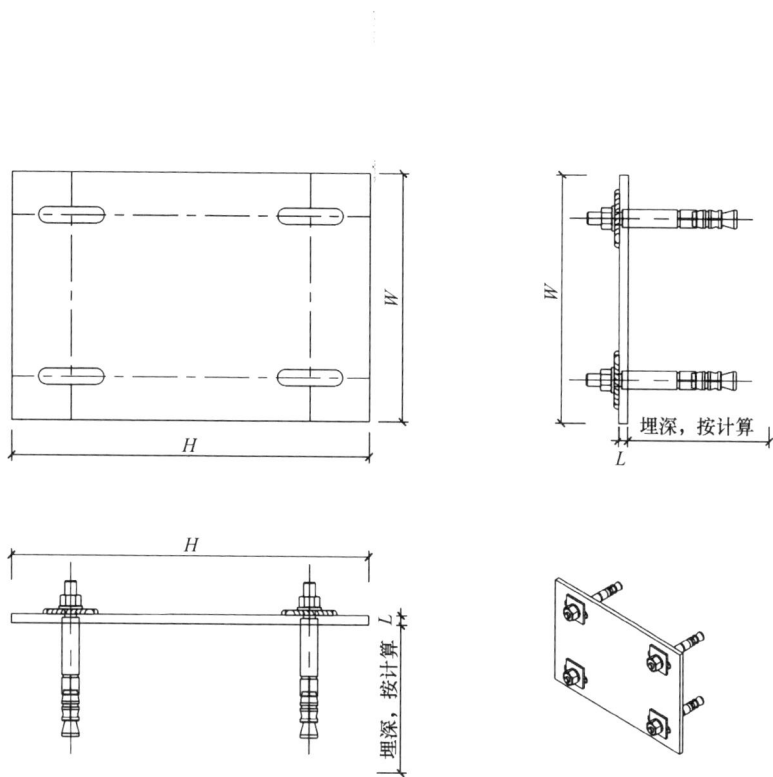

工艺说明：机械锚栓又称为后扩底锚栓或自切底锚栓，属于纯金属类锚栓产品。工作原理安全可靠，即通过机械锁键张开与锚孔产生的剪切力而提供予被连接物的拉力。

第二节　建筑幕墙骨架系统构造

1. 铝合金龙骨系统

020201. 1　竖龙骨与埋件的连接

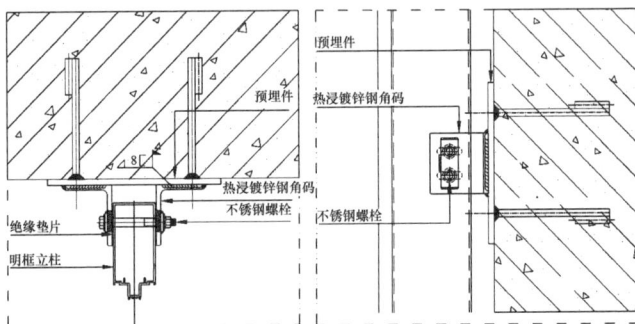

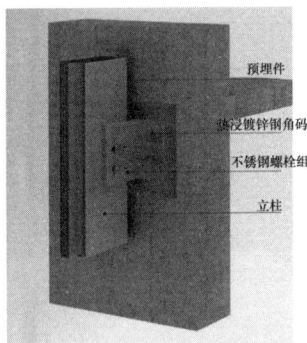

工艺说明：幕墙所承受的自身荷载和外界荷载，需要依靠竖龙骨与埋件的连接传递给主体结构。

铝合金竖龙骨与埋件之间的连接需要保证幕墙有相对位移的能力又能把力传递给主体结构，所以它依靠角码和螺栓共同完成的角码可直接焊接在埋件上，也可以通过螺栓连接在埋件和主体结构上则角码和竖龙骨需要螺栓连接，能确保幕墙的相对移动能力。

020201.2 横龙骨与竖龙骨的连接

020201.2.1 开口型材

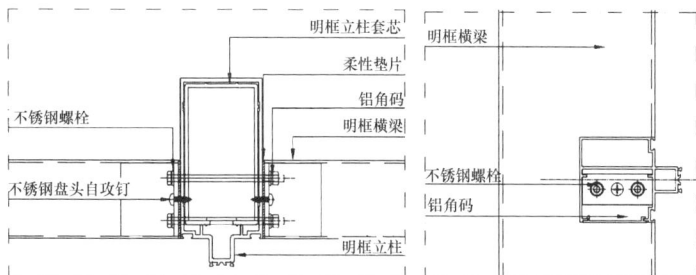

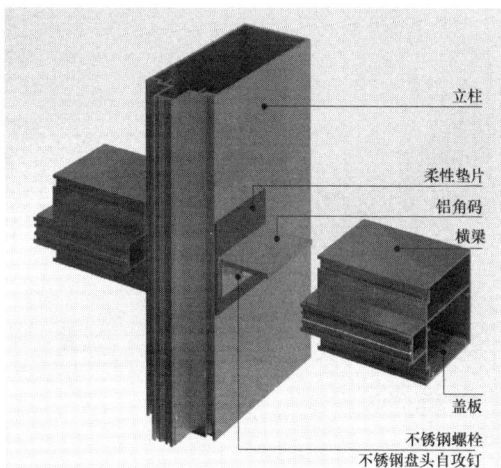

工艺说明：幕墙横梁所承受的力需要依靠横梁与立柱之间的连接传递给立柱，再由立柱传递给主体结构横梁与立柱之间的连接依靠角码、螺栓、自攻钉等配件。角码上有长槽孔可以保证相对位移，角码螺栓要确保符合规范要求，螺栓要求两个或两个以上。

020201.2.2　闭口型材

020201.2.2.1　螺丝连接

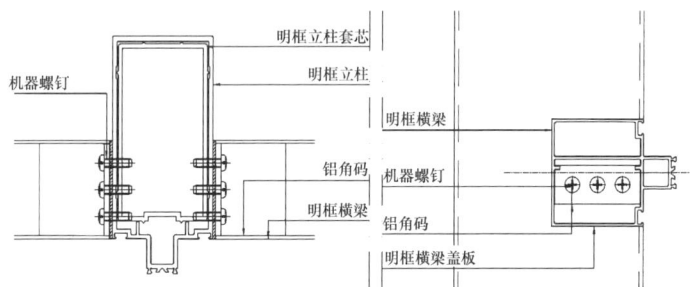

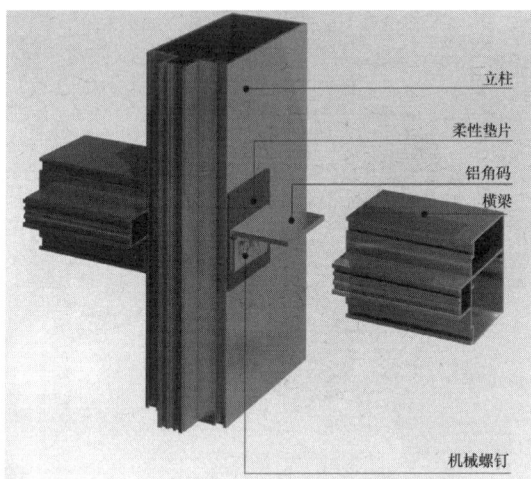

工艺说明：幕墙横梁所承受的力需要依靠横梁与立柱之间的连接传递给立柱再由立柱传递给主体结构。横梁与立柱之间需要角码、机器螺钉连接，角码和机器螺钉的尺寸、材料、个数必须符合规范要求，满足结构上的性能要求。

020201.2.2.2 弹簧钢销连接

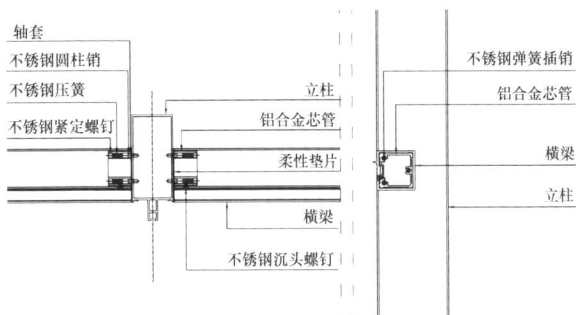

轴套
不锈钢圆柱销
不锈钢压簧
不锈钢紧定螺钉

立柱
铝合金芯管
柔性垫片
横梁
不锈钢沉头螺钉

不锈钢弹簧插销
铝合金芯管
横梁
立柱

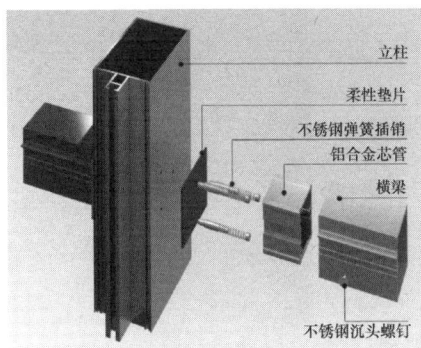

立柱
柔性垫片
不锈钢弹簧插销
铝合金芯管
横梁
不锈钢沉头螺钉

工艺说明：幕墙横梁所承受的力需要依靠横梁与立柱之间的连接传递给立柱，再由立柱传递给主体结构。横梁与立柱之间需要芯管、弹簧钢销和螺钉等零件连接在一起，弹簧钢销是主要承受和传递力的零件，芯管、弹簧钢销和螺钉等零件的材料，尺寸和数量必须满足力的要求，符合规范条件。

020201. 2. 2. 3 外置角码连接

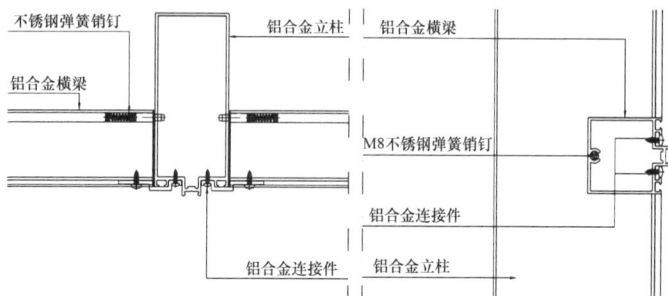

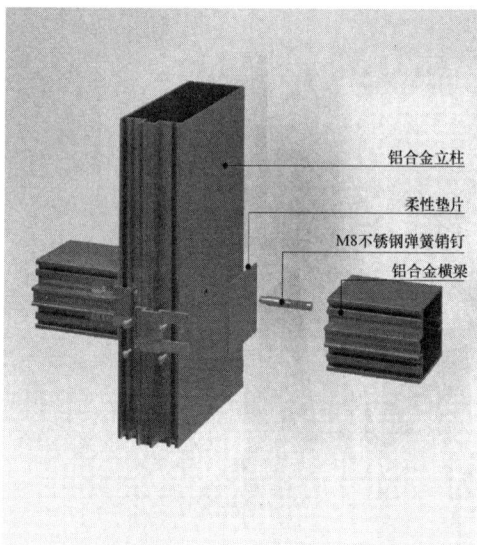

工艺说明：幕墙横梁所承受的力需要依靠横梁与立柱之间的连接传递给立柱再由立柱传递给主体结构。横梁与立柱之间需要外置角码、弹簧钢销和螺钉连接，角码、弹簧钢销、螺钉的尺寸、材料必须符合规范要求，满足结构上的性能要求。

2. 钢骨架系统（方管）

020202.1　竖龙骨与埋件的连接

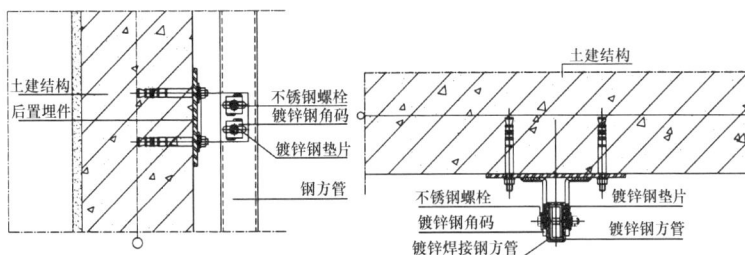

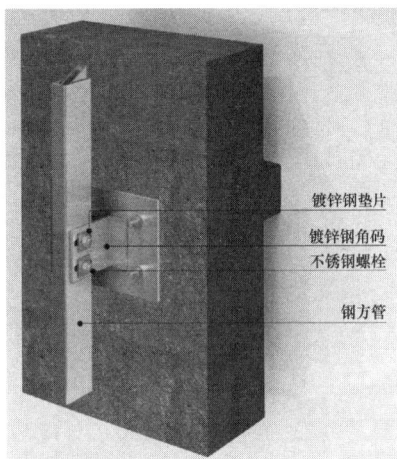

工艺说明：立柱是通过螺栓与连接件固定。安装时，将竖骨料（钢立柱）按节点图放入两连接件之间，在竖骨料与两侧连接件相接触面粘贴防腐垫片，穿入连接螺栓，并垫入平、弹垫，调平、拉紧螺丝。

020202.2 层间上下龙骨的连接

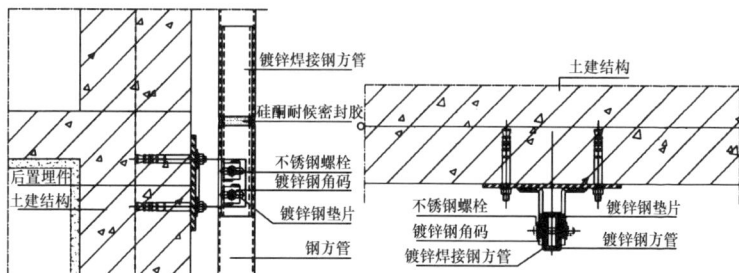

工艺说明：安装时，将竖骨料（钢立柱）按节点图放入两连接件之间，在竖骨料之间穿插另一直径较小的钢方管。上下龙骨间距20mm，是用硅酮耐候密封胶连接。用在竖骨料与两侧连接件相接触面粘贴防腐垫片，穿入连接螺栓，并垫入平、弹垫，调平、拧紧螺丝。

020202.3 横龙骨与竖龙骨的连接

020202.3.1 电焊连接

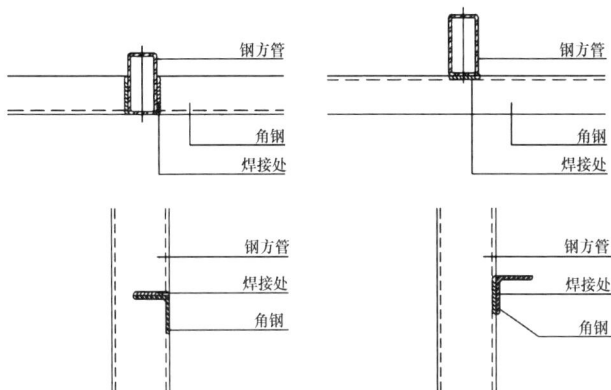

钢方管
角钢
焊接处

钢方管
角钢
焊接处

钢方管
焊接处
角钢

钢方管
焊接处
角钢

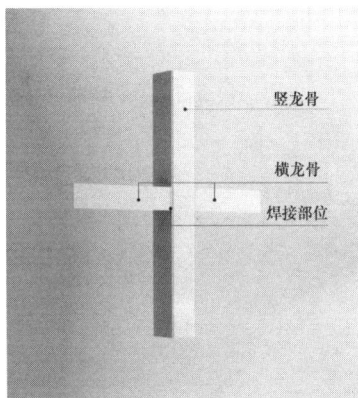

竖龙骨

横龙骨

焊接部位

工艺说明：焊条型号确定，通过施工图、节点图、焊接型号、焊接长度、焊缝高度确认焊接方式，准备施焊，根据施工图要求，对横龙骨和竖龙骨焊接施工，除去焊渣，二度防锈处理，现场焊接部位清理后采用刷两度防锈漆、两度富锌底漆外罩面进行防腐处理。质量自检，项目部复检，不合格重新进行焊接施工。

020202.3.2 螺栓连接

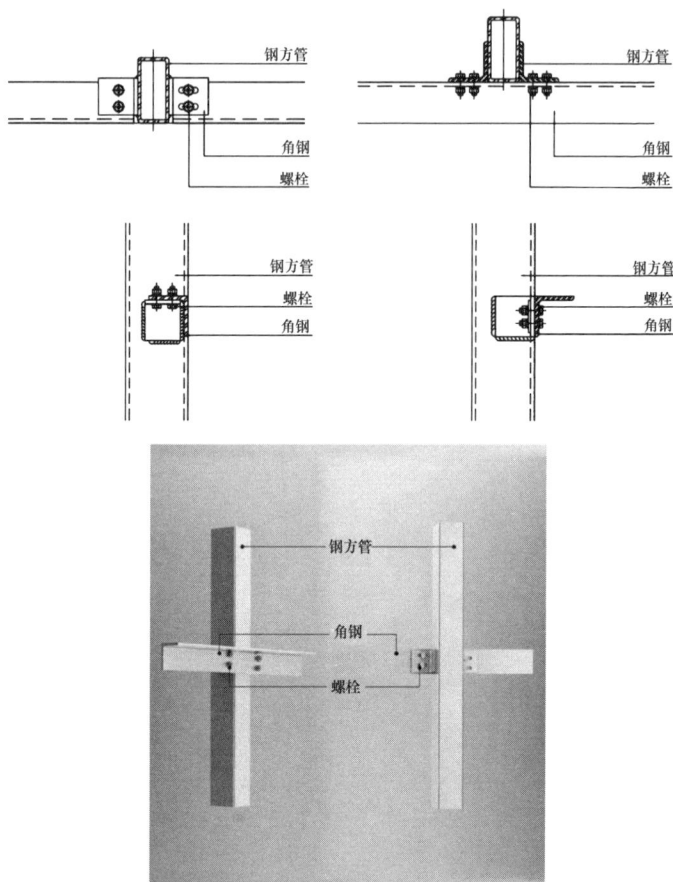

工艺说明：在进行横龙骨安装之前，横龙骨与竖龙骨之间先粘贴柔性垫片，横龙骨就位安装须先找好位置，将横梁角码置于横梁两端，再将横梁垫圈预置于横梁两端，用不锈钢螺栓穿过横梁角码、垫圈及立柱，逐渐收紧不锈钢螺栓，同时注意，观察横梁角码的就位情况，调整好各构件的位置以保证横梁的安装质量。

3. 钢骨架系统（槽钢）

020203.1 竖龙骨与埋件的连接

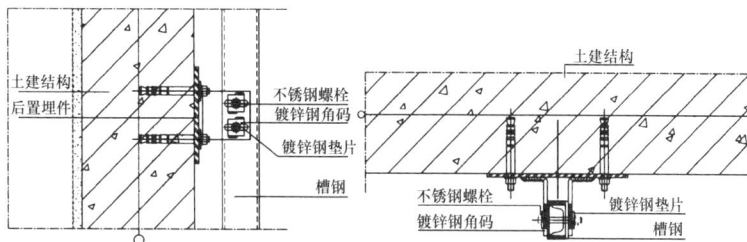

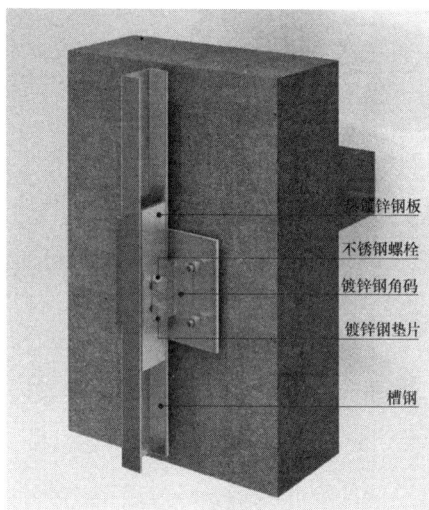

工艺说明：槽钢是通过螺栓与连接件固定。安装时，将竖骨料（槽钢）按节点图放入两连接件之间，在竖骨料与两侧连接件相接触面粘贴防腐垫片，穿入连接螺栓，并垫入平、弹垫，调平、拧紧螺丝。

020203.2　层间上下龙骨的连接

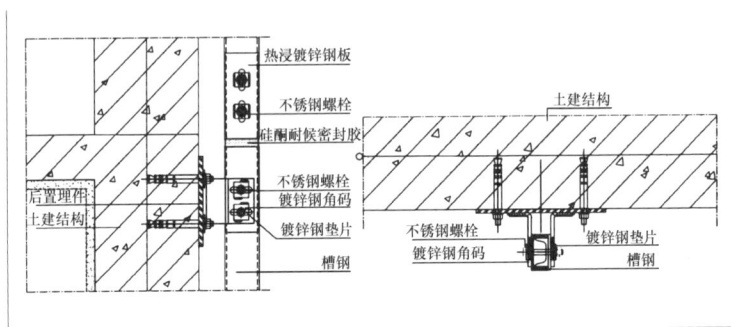

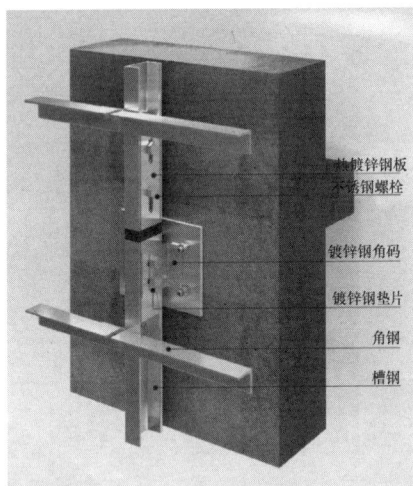

　　工艺说明：安装时，将竖骨料（槽钢）按节点图放入两连接件之间，在竖骨料之间穿插另一块400mm钢板。上龙骨是用可滑动的不锈钢螺栓固定的。层间两根槽钢间距20mm，中间需要使用硅酮耐候密封胶密封。用在竖骨料与两侧连接件相接触面粘贴防腐垫片，穿入连接螺栓，并垫入平、弹垫，调平、拧紧螺丝。

020203.3 横龙骨与竖龙骨的连接

020203.3.1 电焊连接

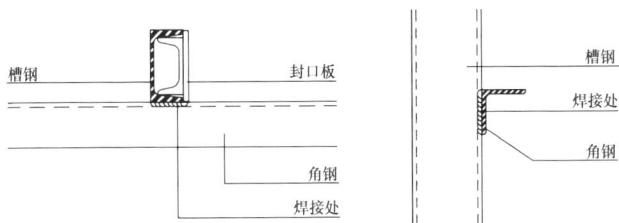

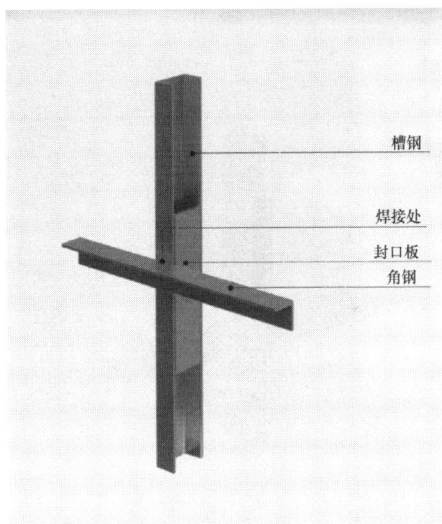

工艺说明：焊条型号确定，通过施工图、节点图、焊接型号、焊接长度、焊缝高度确认焊接方式，准备施焊，根据施工图要求，对横龙骨和竖龙骨焊接施工，除去焊渣，二度防锈处理，现场焊接部位清理后采用刷两度防锈漆、两度富锌底漆外罩面进行防腐处理。质量自检，项目部复检，不合格重新进行焊接施工。

020203.3.2　螺栓连接

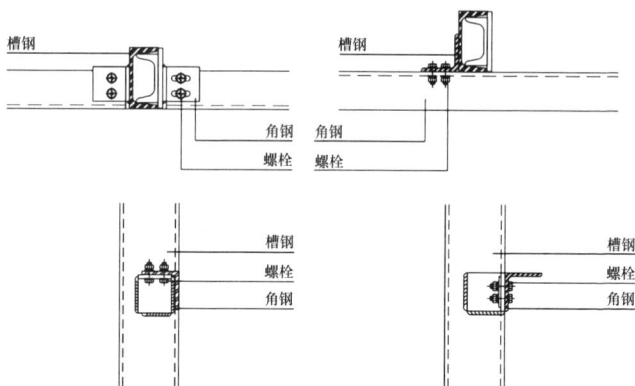

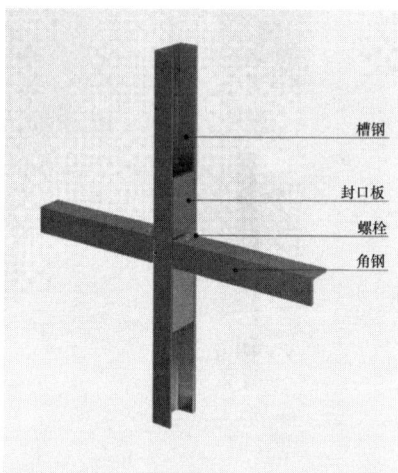

工艺说明：在进行横龙骨安装之前，横龙骨与竖龙骨之间先粘贴柔性垫片，横龙骨就位安装须先找好位置，将横梁角码置于横梁两端，再将横梁垫圈预置于横梁两端，用不锈钢螺栓穿过横梁角码、垫圈及槽钢，逐渐收紧不锈钢螺栓，同时注意，观察横梁角码的就位情况，调整好各构件的位置以保证横梁的安装质量。

4. 钢铝复合骨架系统

020204.1 竖龙骨与埋件的连接

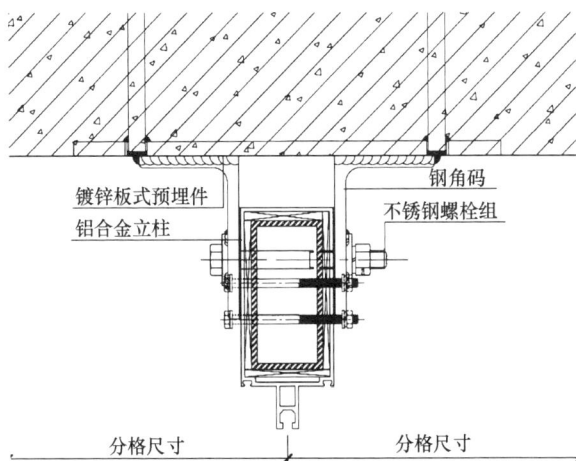

镀锌板式预埋件
铝合金立柱
钢角码
不锈钢螺栓组
分格尺寸
分格尺寸

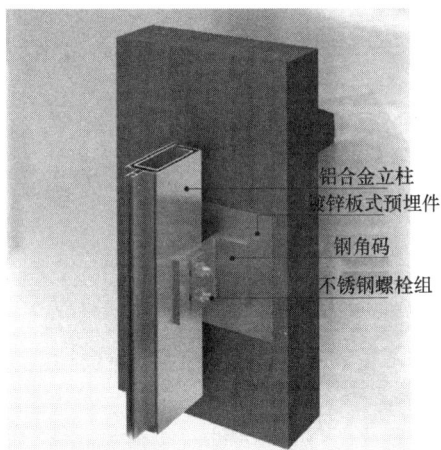

铝合金立柱
镀锌板式预埋件
钢角码
不锈钢螺栓组

工艺说明：先在铝型材中插入钢方管，接着立柱与钢角码连接，进行前后位置调整，然后用螺栓连接。对立柱的垂直度进行控制，位置调整准确后将钢角码连接件点焊焊接在埋件上。

020204.2 横龙骨与竖龙骨的连接

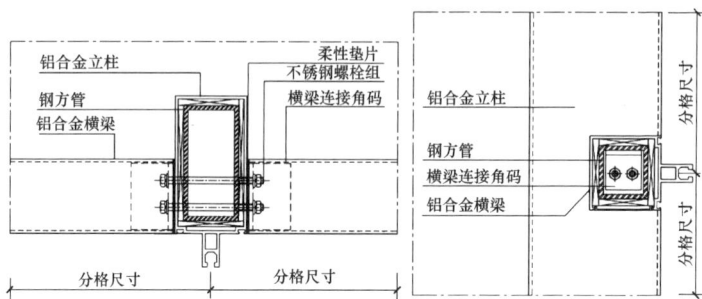

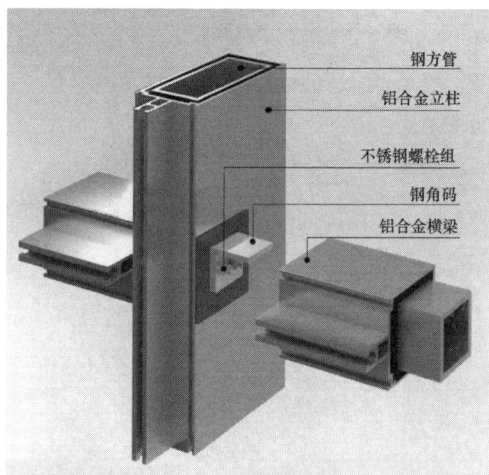

工艺说明:先在铝型材中插入钢方管,立柱每段之间的接头应有一定空隙,不要顶紧,采用套筒连接法,以适应和消除建筑受力变形和温度变形的影响。横梁为水平构件,是分段在立柱中嵌入连接,横梁两端与立柱连接应加弹性橡胶胶垫,弹性橡胶垫应有20%~35%的压缩性,以适应和消除横向温度变形的要求;安装时应将横梁两端的连接件及橡胶垫安装在立柱预定位置,并保证安装牢固,接缝严密。最后用螺栓连接立柱与横梁。

020204.3　钢铝复合连接的方式

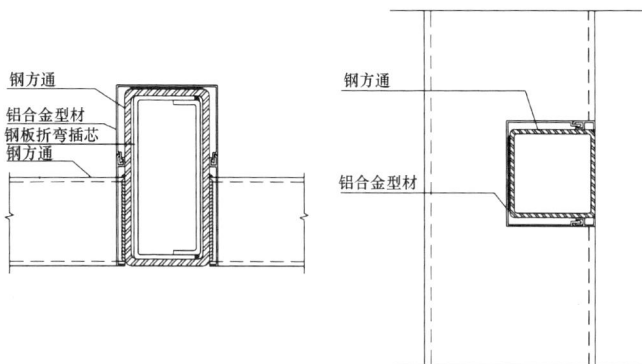

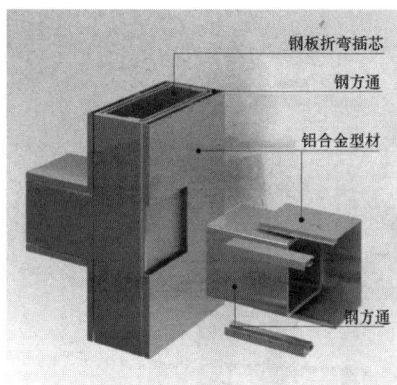

　　工艺说明：将折弯插芯插入钢方管，每段之间的接头应有一定空隙，不要顶紧，采用套筒连接法，以适应和消除建筑受力变形和温度变形的影响。横梁为水平构件，是分段与立柱焊接。横梁两端与立柱连接应加弹性橡胶胶垫，弹性橡胶垫应有20%～35%的压缩性，以适应和消除横向温度变形的要求；安装时应将横梁两端的连接件及橡胶垫安装在立柱预定位置，并保证安装牢固、接缝严密，最后用螺栓连接立柱与横梁。

第三节　建筑幕墙面层系统

1. 隐框玻璃幕墙

020301.1　隐框玻璃幕墙副框式

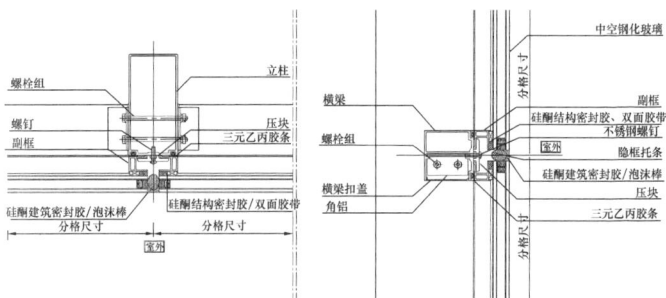

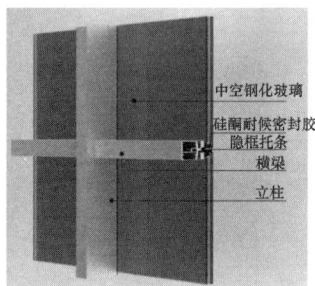

工艺说明：隐框玻璃幕墙副框式玻璃用硅酮结构密封胶固定在副框上，副框再用机械夹持的方法固定到主框格（立柱、横梁）上。结构玻璃装配组件与主框格完全分离，硅酮结构密封胶注胶前必须取得合格的相容性检验报告，必要时应加涂底漆，双组分硅酮结构密封胶尚应进行混匀性蝴蝶试验和拉断试验。注胶必须饱满，不得出现气泡，胶缝表面应平整光滑。当隐框玻璃幕墙采用悬挑玻璃时，玻璃的悬挑尺寸应符合计算要求，且不宜超过150mm。玻璃下方应设100mm长玻璃托以避免结构胶受剪，且至少2支。

020301.2 隐框玻璃幕墙钢铝复合连接方式

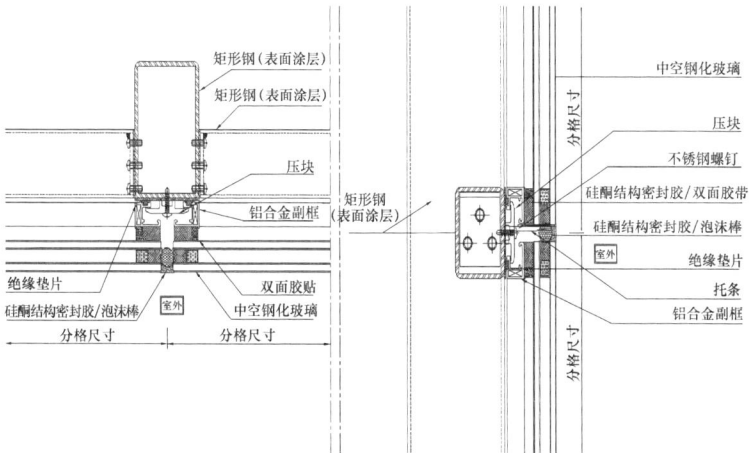

左图标注：
- 矩形钢(表面涂层)
- 矩形钢(表面涂层)
- 压块
- 矩形钢(表面涂层)
- 铝合金副框
- 绝缘垫片
- 硅酮结构密封胶/泡沫棒
- 双面胶贴
- 中空钢化玻璃
- 室外
- 分格尺寸
- 分格尺寸

右图标注：
- 中空钢化玻璃
- 压块
- 不锈钢螺钉
- 硅酮结构密封胶/双面胶带
- 硅酮结构密封胶/泡沫棒
- 绝缘垫片
- 托条
- 铝合金副框
- 室外
- 分格尺寸

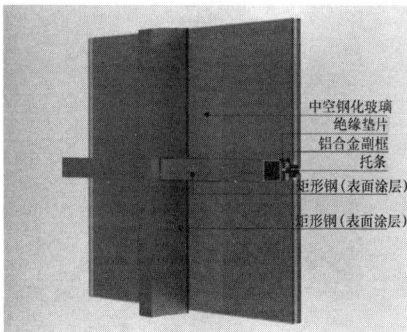

照片标注：
- 中空钢化玻璃
- 绝缘垫片
- 铝合金副框
- 托条
- 矩形钢(表面涂层)
- 矩形钢(表面涂层)

工艺说明：隐框玻璃幕墙钢铝复合连接方式玻璃用硅酮结构密封胶固定在副框上，副框再用机械夹持的方法固定到主框格（立柱、横梁）上。立柱、横梁采用钢材，钢材表面先除锈然后涂层，钢材与铝合金之间采用绝缘垫片，防止金属之间产生腐蚀现象。

2. 明框玻璃幕墙

020302.1 明框玻璃幕墙

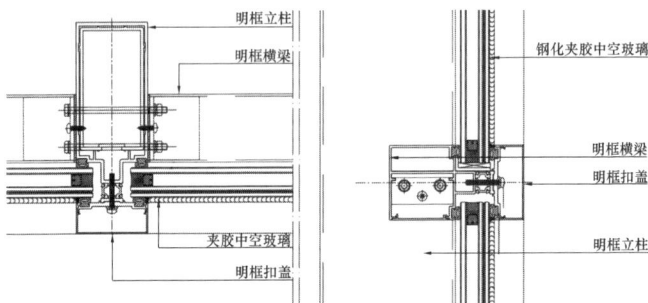

工艺说明：明框玻璃幕墙是金属框架构件显露在外表面的玻璃幕墙。它以特殊断面的铝合金型材为框架，玻璃面板全嵌入型材的凹槽内。其特点在于铝合金型材本身兼有骨架结构和固定玻璃的双重作用。明框玻璃幕墙是最传统的形式，应用最广泛，工作性能可靠。相对于隐框玻璃幕墙，更易满足施工技术水平要求。它的立柱的材料主要是铝合金，也可以是方钢，横梁主要是铝合金也可以是小一点的方钢，而装饰板材料就可以多重选择。幕墙的安装必须满足规范要求，这是非常重要的。螺钉间距等，首钉距端头150起始，螺钉要打到断热条内框，托条位于玻璃的1/4。

020302.2 明框幕墙开启扇

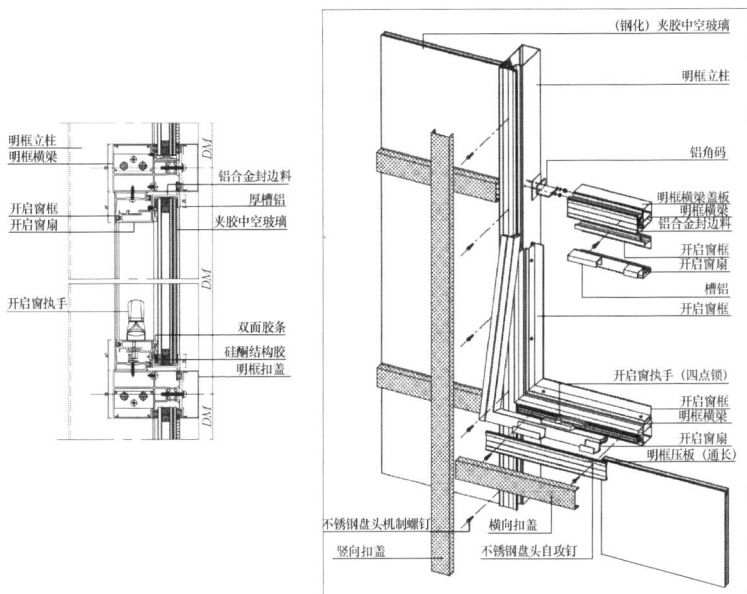

工艺说明：明框玻璃幕墙的开启窗按设计要求在幕墙规定位置安装，应启闭方便，避免设置在梁、柱、隔墙等位置。开启扇的开启角度不宜大于30°，开启距离不宜大于300mm，窗框与幕墙框格结构配合的四边间隙均匀，窗框周边内外要填密封胶。高度超过40m的幕墙工程宜设置清洗设备。

020302.3 明框幕墙百叶窗

（钢化）夹胶中空玻璃
明框压板（通长）
明框立柱
三元乙丙胶条

铝角码
明框横梁
明框横梁盖板
百叶框

百叶片

百叶框
明框压板（通长）
横向扣盖

不锈钢盘头机制螺钉
竖向扣盖

夹胶中空玻璃
明框扣盖
百叶框
百叶片

不锈钢盘头自攻钉

DIM

工艺说明：明框玻璃幕墙的百叶窗按设计要求在幕墙规定位置安装，将百叶窗搬运到现场后开始安装百叶窗，检查轨道或中转系统是否安装牢固，合格后，上百叶窗。百叶窗安装好后必须运行10次以上，确保百叶窗运行顺畅，如不顺畅必须找出问题做出调整，直到顺畅为止。安装后注意成品保护，防污染，损坏面层，清理现场垃圾。

020302.4　明框幕墙地弹簧门

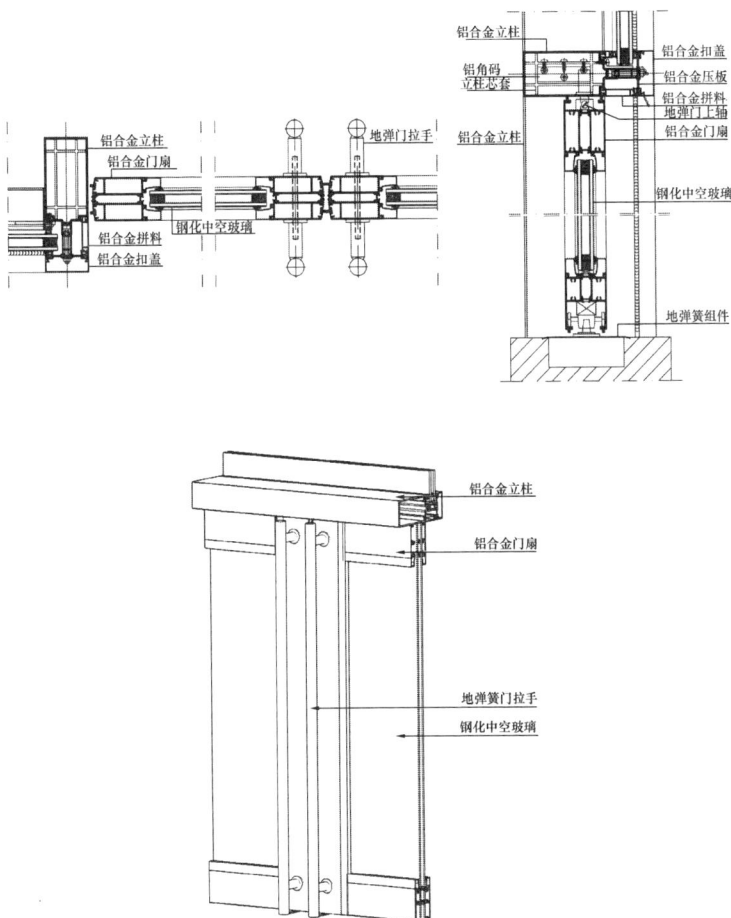

工艺说明：（1）固定部分：裁割玻璃→固定底托→安装玻璃板→注胶封口。

（2）活动玻璃门扇安装：划线→确定门窗高度→固定门窗上下横档→门窗固定→安装拉手。

020302.5 明框幕墙阳角

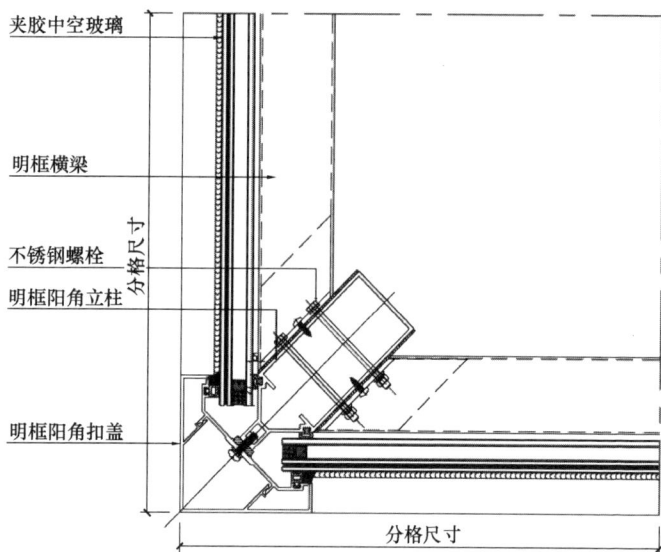

夹胶中空玻璃

明框横梁

不锈钢螺栓

明框阳角立柱

明框阳角扣盖

分格尺寸

分格尺寸

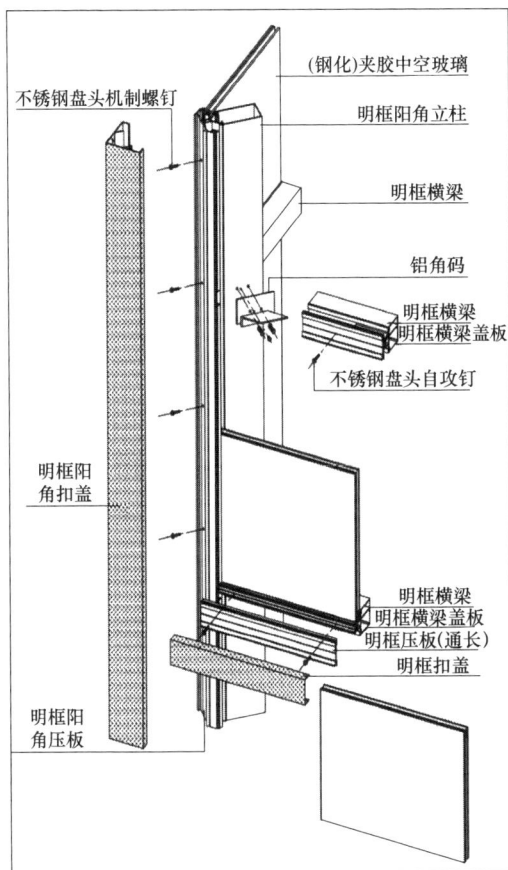

不锈钢盘头机制螺钉

(钢化)夹胶中空玻璃

明框阳角立柱

明框横梁

铝角码

明框横梁
明框横梁盖板

不锈钢盘头自攻钉

明框阳
角扣盖

明框横梁
明框横梁盖板
明框压板(通长)
明框扣盖

明框阳
角压板

工艺说明：明框玻璃幕墙是最传统的形式，应用最广泛，工作性能可靠。相对于隐框玻璃幕墙，更易满足施工技术水平要求。它的立柱的材料主要是铝合金，也可以是方钢，横梁主要是铝合金也可以是小一点的方钢，而装饰板材料就可以多重选择。幕墙的安装必须满足规范要求，这是非常重要的。螺钉间距等，首钉距端头150起始，螺钉要打到断热条内框，托条位于玻璃的1/4。阳角用明框铝材压石材边。注意角度、拼角等问题。

020302.6 明框幕墙下口收口

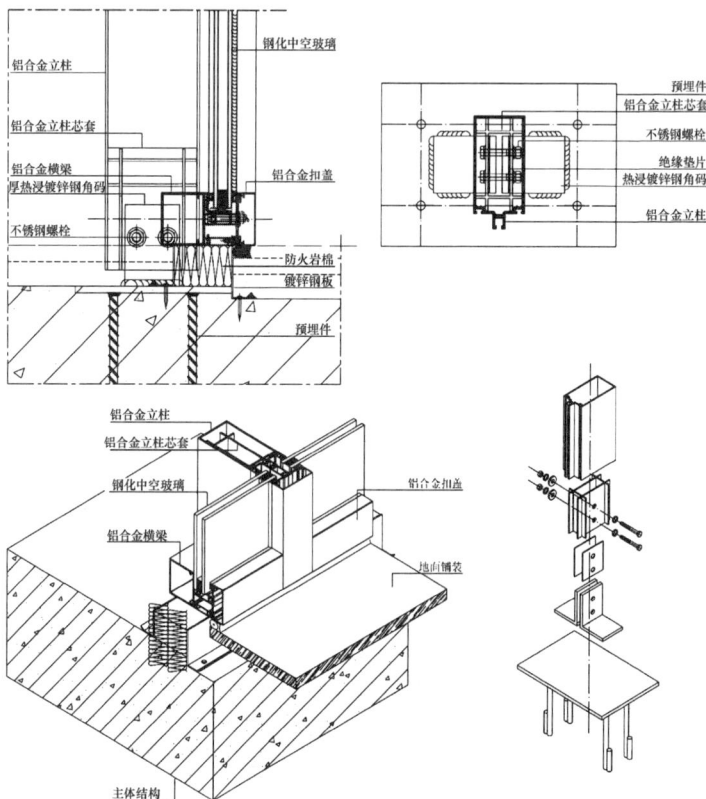

铝合金立柱
铝合金立柱芯套
铝合金横梁
厚热浸镀锌钢角码
不锈钢螺栓
钢化中空玻璃
铝合金扣盖
防火岩棉
镀锌钢板
预埋件

预埋件
铝合金立柱芯套
不锈钢螺栓
绝缘垫片
热浸镀锌钢角码
铝合金立柱

铝合金立柱
铝合金立柱芯套
钢化中空玻璃
铝合金横梁
铝合金扣盖
地面铺装
主体结构

工艺说明：明框玻璃幕墙是最传统的形式，应用最广泛，工作性能可靠。相对于隐框玻璃幕墙，更易满足施工技术水平要求。它的立柱的材料主要是铝合金，也可以是方钢，横梁主要是铝合金也可以是小一点的方钢，而装饰板材料就可以多重选择。幕墙的安装必须满足规范要求，这是非常重要的。螺钉间距等，首钉距端头150起始，螺钉要打到断热条内框，托条位于玻璃的1/4。一般用铝板收口，收口要注意防水。

3. 半隐框玻璃幕墙
020303.1 横隐竖明框玻璃幕墙

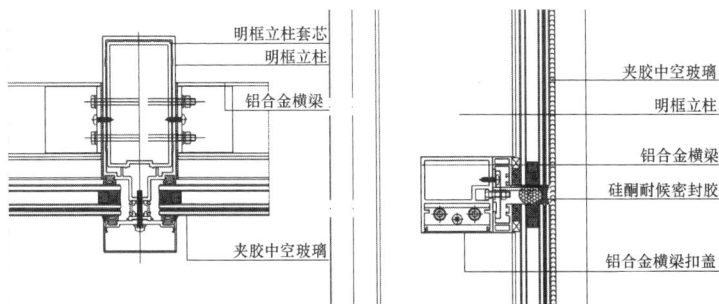

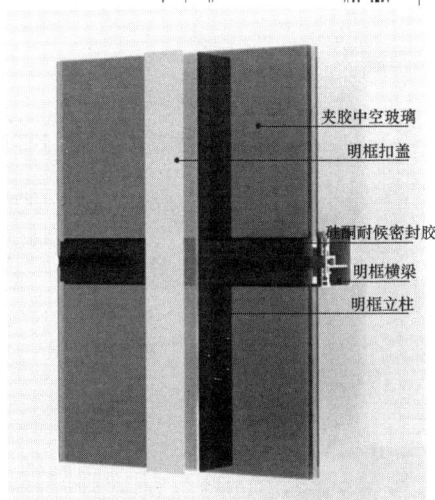

工艺说明：横隐竖明幕墙，上下两边用结构胶粘接成玻璃装配组件，而左右两边采用铝合金镶嵌槽玻璃装配的方法。换句话讲，玻璃所受各种荷载，有一对应边用结构胶传给铝合金框架，而另一对应边由铝合金型材镶嵌槽传给铝合金框架。因此横隐竖明玻璃幕墙上述连接方法缺一不可，否则将形成一对应边承受玻璃全部荷载，这将是非常危险的。

020303.2　横明竖隐框玻璃幕墙

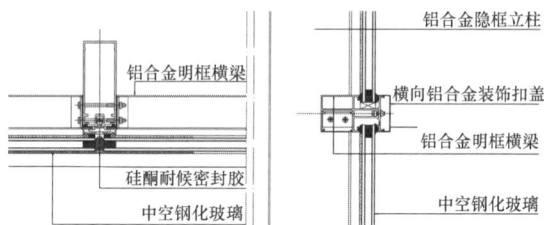

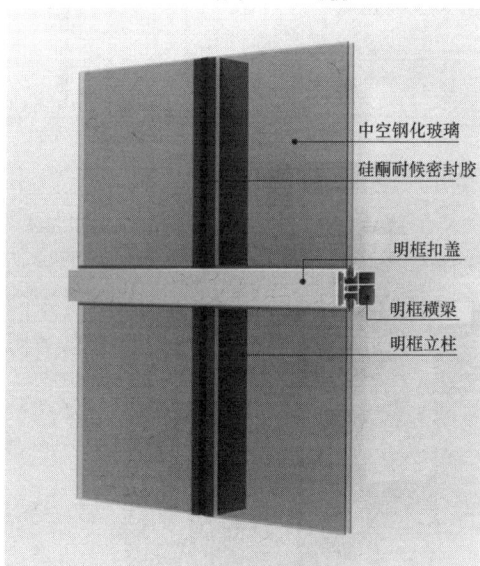

工艺说明：横明竖隐幕墙，左右两边用结构胶粘接成玻璃装配组件，而上下两边采用铝合金镶嵌槽玻璃装配的方法。换句话讲，玻璃所受各种荷载，有一对应边用结构胶传给铝合金框架，而另一对应边由铝合金型材镶嵌槽传给铝合金框架。因此横隐竖明玻璃幕墙上述连接方法缺一不可，否则将形成一对应边承受玻璃全部荷载。横明竖隐玻璃幕墙这种形式只有竖杆隐在镀膜玻璃后面，而横杆镀膜玻璃镶嵌在铝合金型材的镶嵌槽内，用铝合金压板盖在玻璃外面。

4. 全玻璃幕墙

020304.1 吊挂式全玻璃幕墙

020304.1.1 螺栓连接式

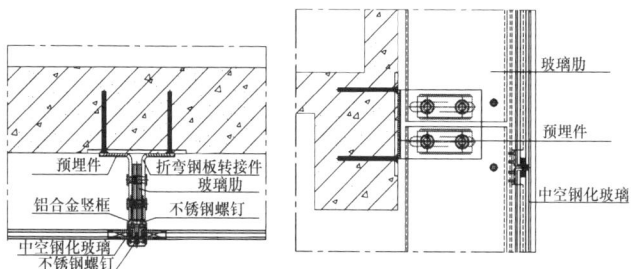

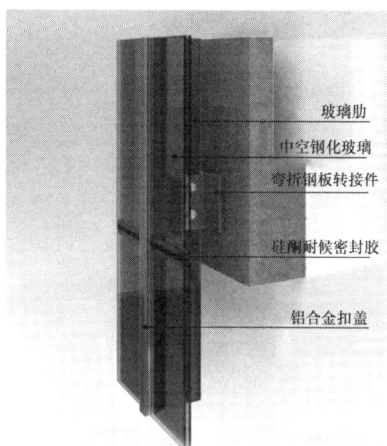

工艺说明：吊挂式全玻幕墙，玻璃面板采用螺栓连接，玻璃肋板也采用螺栓连接，幕墙玻璃重量都由上部结构梁承载，因此幕墙玻璃自然垂直，板面平整，反射映像真实。更重要的是在地震或大风冲击下，整幅玻璃在一定限度内作弹性变形，避免应力集中造成玻璃破裂玻璃的加工一定要将上下端磨平，不要因上下端不外露，而忽视了质量。

020304.1.2 吊具连接式

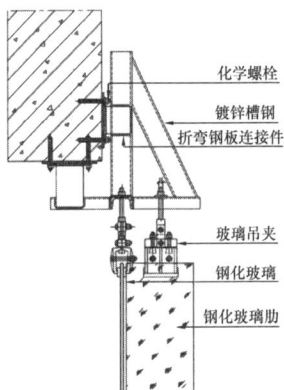

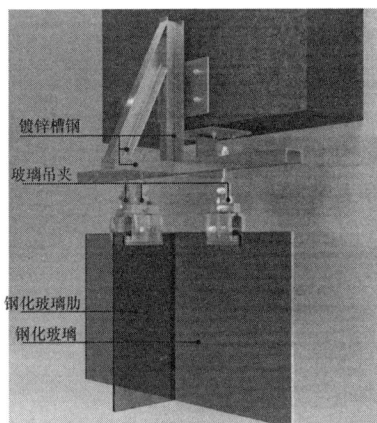

化学螺栓
镀锌槽钢
折弯钢板连接件
玻璃吊夹
钢化玻璃
钢化玻璃肋

镀锌槽钢
玻璃吊夹
钢化玻璃肋
钢化玻璃

工艺说明：吊挂式全玻幕墙，玻璃面板采用吊挂支承，玻璃肋板也采用吊挂支承，幕墙玻璃重量都由上部结构梁承载，因此幕墙玻璃自然垂直，板面平整，反射映像真实，更重要的是在地震或大风冲击下，整幅玻璃在一定限度内作弹性变形，避免应力集中造成玻璃破裂玻璃的加工一定要将上下端磨平，不要因上下端不外露，而忽视了质量要求。由于玻璃尺寸较大，木包装箱一定要牢固，设计好吊装点。在设计玻璃内外夹扣和边框时，要与其他专业施工密切配合，要防止在安装好玻璃幕墙后，其他专业施工又在上方焊接或在夹扣上钻孔。

020304.2 坐立式全玻璃幕墙

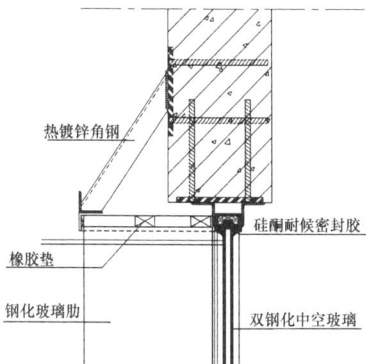

热镀锌角钢

橡胶垫

钢化玻璃肋

硅酮耐候密封胶

双钢化中空玻璃

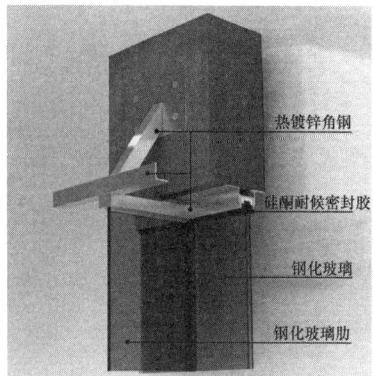

热镀锌角钢

硅酮耐候密封胶

钢化玻璃

钢化玻璃肋

工艺说明：落地式全玻幕墙顶部和底部均采用槽钢固定玻璃面板及玻璃肋的做法。钢骨架之间的焊接工作必须按先上下交替焊，再左右交替焊的顺序进行，以防止钢构件局部受热膨胀造成分格位置偏差过大，影响玻璃板块安装。上下部位钢龙骨的安装，采用槽钢焊接于钢支座上的方式。安装玻璃时，在底部钢槽内水平垫入橡胶玻璃垫。

5. 点式玻璃幕墙

020305.1 驳接爪式点式玻璃幕墙

020305.1.1 浮头式点式玻璃幕墙

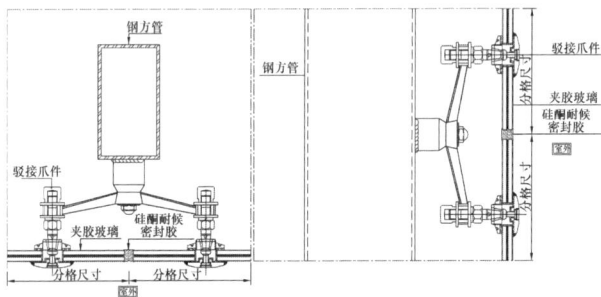

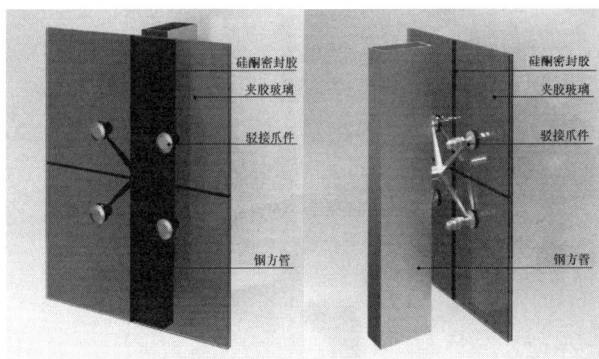

工艺说明：驳接爪浮头式玻璃幕墙的玻璃面板由支撑点支撑，钢制支撑点通过玻璃上的圆洞与玻璃连结。金属外板凸出在玻璃平面外，玻璃无需开锥形孔。由于玻璃孔洞边应力集中，面玻应采用钢化和匀质处理，当面玻采用夹胶玻璃时，也应先钢化后夹胶。玻璃的孔洞应在钢化前进行，钢化前对玻璃的边缘和孔洞要求加工细磨至少200目以上。支承头的玻璃厚度不应小于 6mm，如采用夹胶玻璃或中空玻璃，其单片玻璃厚度也不应小于 6mm。玻璃之间的空隙宽度不应小于 10mm，且应采用硅酮建筑密封胶嵌缝。玻璃面板支撑孔边与板边的距离不宜小于 70mm。

020305.1.2　沉头式点式玻璃幕墙

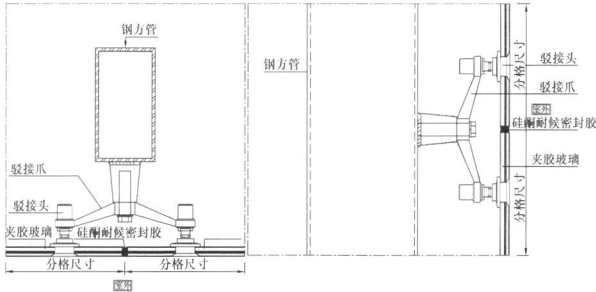

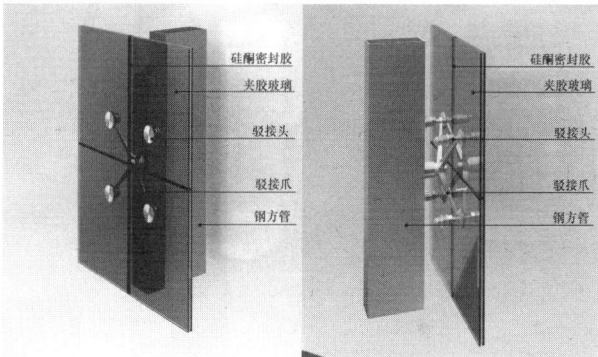

工艺说明：驳接爪沉头式玻璃幕墙的玻璃面板由支撑点支撑，钢制支撑点通过玻璃上的圆洞与玻璃连结。沉头式的连接沉入玻璃表面之内，表面平整、美观，但玻璃开锥形孔时，加工复杂，而且玻璃厚度不应小于8mm，不仅增加了造价，而且加大了幕墙重量。面玻应采用钢化和匀质处理，当面玻采用夹胶玻璃时，也应先钢化后夹胶。玻璃的孔洞应在钢化前进行，钢化前对玻璃的边缘和孔洞要求加工细磨至少200目以上。如采用夹胶玻璃或中空玻璃，其单片玻璃厚度也不应小于8mm。玻璃之间的空隙宽度不应小于10mm，且应采用硅酮建筑密封胶嵌缝。玻璃面板支撑孔边与板边的距离不宜小于70mm。

020305.2 梅花式点式玻璃幕墙

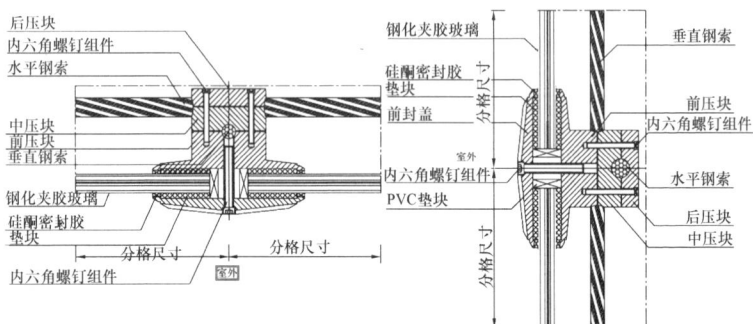

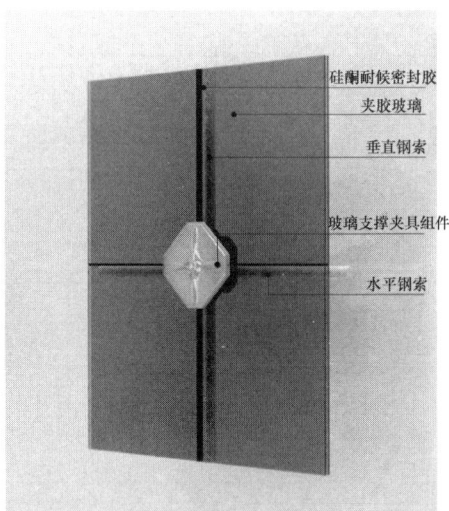

工艺说明：单层索网玻璃幕墙结构包括预拉力拉索、夹具系统、玻璃面板三个部分，其中玻璃的四个角点通过夹具与拉索连接，玻璃与玻璃之间采用硅酮密封胶嵌缝。由纵横双向钢索交叉组合后承受外部荷载，绷紧的索网在承受外荷载时产生面外变形，索中张力增加，依靠变形后的索力在面外方向的分量来抵抗外荷载。

020305.3 背栓式点式玻璃幕墙

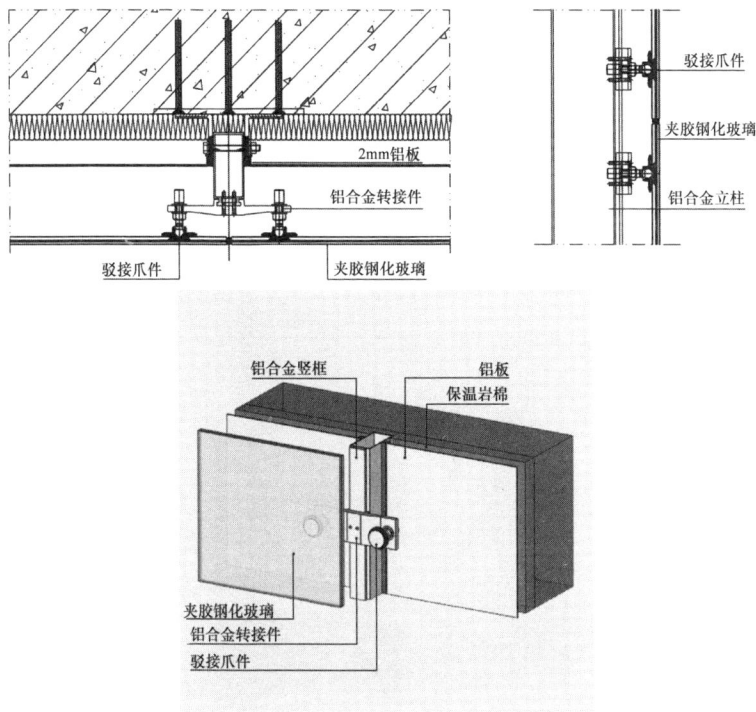

工艺说明：背栓式点式玻璃幕墙，由于背栓式螺栓不穿越玻璃，其背栓扩孔部位在玻璃厚度的约一半处，这样在玻璃的外表面没有任何紧固件的痕迹，其艺术效果远远超过浮头（沉头）式。其他方式的连接孔处会发生泄漏，而背栓式螺栓由于未穿过玻璃，玻璃外表面不存在缝隙，所以不会发生泄漏。同时背栓式螺栓未在外表面外露，这就消除了钢螺栓的"冷桥作用"。

020305.4　点式玻璃幕墙结构
020305.4.1　金属支撑结构点支式玻璃幕墙

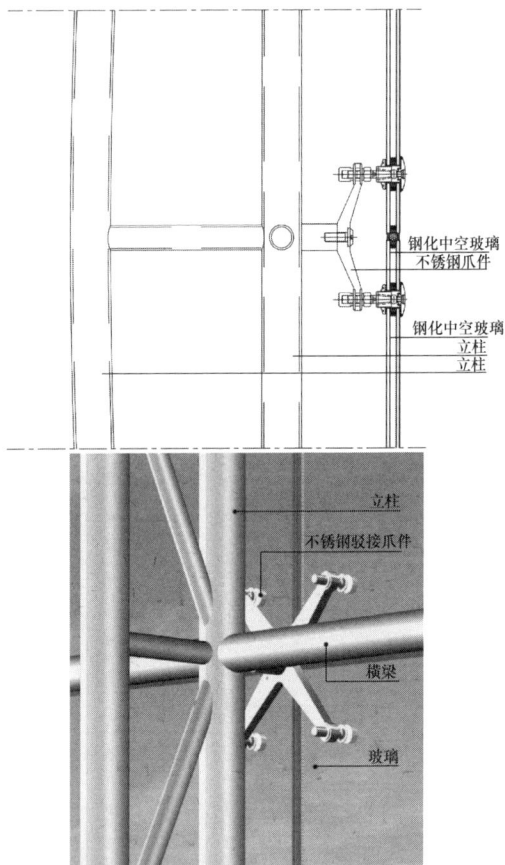

钢化中空玻璃
不锈钢爪件

钢化中空玻璃
立柱
立柱

立柱

不锈钢驳接爪件

横梁

玻璃

工艺说明：由玻璃面板、点支撑装置和支撑结构构成的玻璃幕墙称为点支式玻璃幕墙。它具有钢结构的稳固性、玻璃的轻盈性以及机械的精密性。幕墙骨架主要由无缝钢管和不锈钢爪件所组成，它的面玻璃在角位打孔后，用金属接驳件连接到支承结构的全玻璃幕墙上。

020305.4.2 点支式全玻璃幕墙

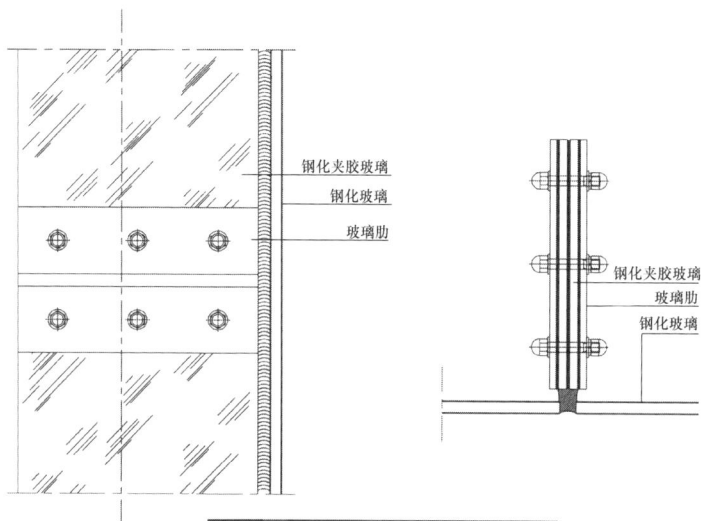

钢化夹胶玻璃
钢化玻璃
玻璃肋

钢化夹胶玻璃
玻璃肋
钢化玻璃

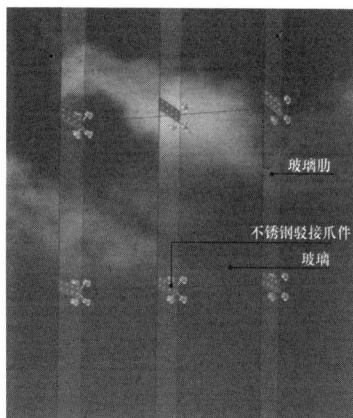

玻璃肋

不锈钢驳接爪件
玻璃

工艺说明：支撑结构是玻璃板，称其为玻璃肋。采用金属紧固件和连接件将玻璃面板和玻璃肋相连接，形成玻璃幕墙。由玻璃面板和玻璃肋构成的全玻璃幕墙视野开阔、结构简单，使人耳目一新，最大限度地消除了建筑物室内外的感觉。

020305.4.3 杆（索）式玻璃幕墙

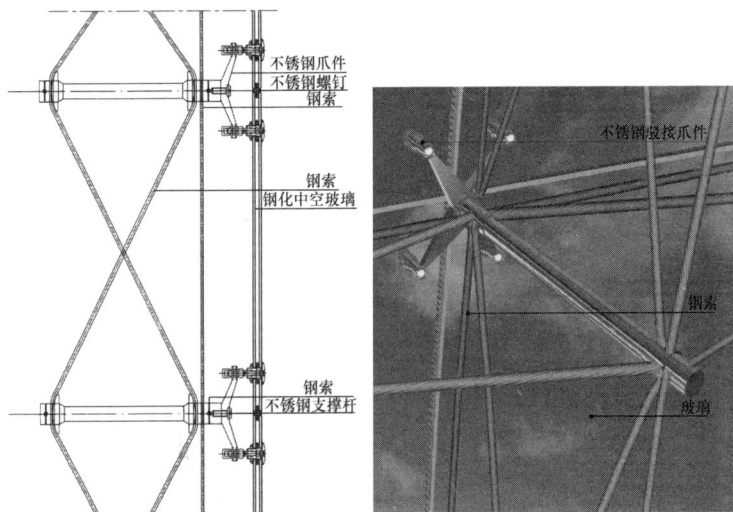

工艺说明：支撑结构是不锈钢拉杆或拉索，玻璃由金属紧固件和金属连接件与拉杆或拉索连接。在此类玻璃幕墙的结构中，充分体现了机械加工的精度，每个构件都十分细巧精致，本身就构成了一种结构美。

6. 单元式幕墙

020306.1 横滑型

立柱
硅酮结构密封胶
双面胶带
密封胶条
钢化玻璃
密封胶条
分格尺寸 分格尺寸

钢化玻璃
双面胶带
硅酮结构密封胶
扣盖
密封胶条
分格尺寸
分格尺寸

横梁
密封胶条

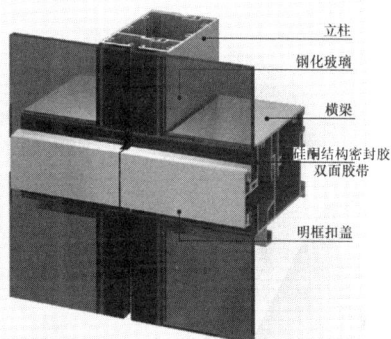

立柱
钢化玻璃
横梁
硅酮结构密封胶
双面胶带
明框扣盖

工艺说明: 横滑型封口板嵌在下单元上框母槽内,它比上单元下框公槽大,上单元下框可以在封口板槽内自由滑动。板块间的插接部位同时也是幕墙的密封部位,要保证插接位在整个幕墙上的连续性,即在单元横竖框交接的部位不得存在密封间断点。大量的水由最外层的密封胶条阻挡,少量的水由后置挡水板阻挡;经二道防水材料作用,最后只有微量的水进入封口板内经单元板块上横框之排水路径导入竖框前腔内,可每三层设外披水板,将水导出幕墙外。横滑型单元幕墙排水效果可达到很高的水密性能等级,但是该系统对折线形式及圆弧形式的幕墙在使用上有一定局限性。

020306.2　横锁型

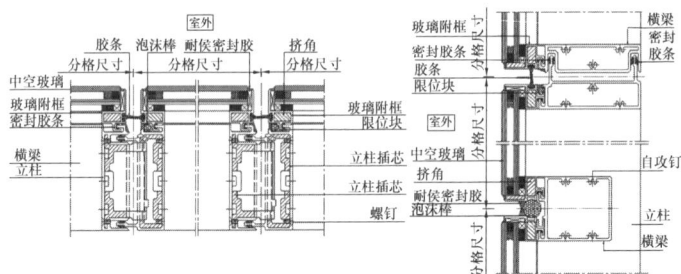

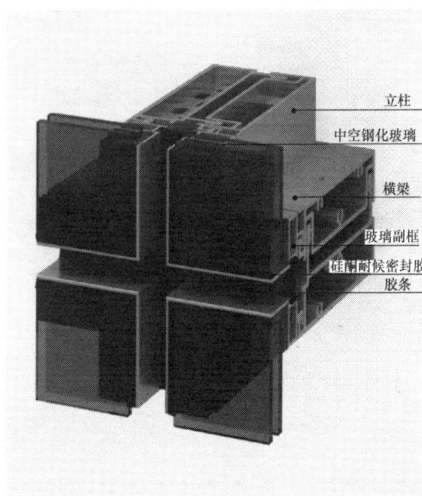

工艺说明：横锁型是在相邻上下两单元组件竖框内设开口铸铝插芯，铸铝插芯也互相对插，将接缝处空洞封堵，由于上下单元竖框用铸铝插芯插接，上下单元形成横向锁定，即上单元组件不能在下单元组件上框中滑动。大量的水由最外层的密封胶条阻挡，少量的水由左右插芯排水孔导入，经右插芯收集，最后经单元板块右框及右插芯之底排水孔导入竖框前腔内排出。横锁型单元幕墙由于横向锁定，抗震性能较好（可自动复位）适用于弯弧或折线形式，但是该系统排水性能不如横滑式结构。

7. U 形玻璃幕墙

020307 U 形玻璃幕墙

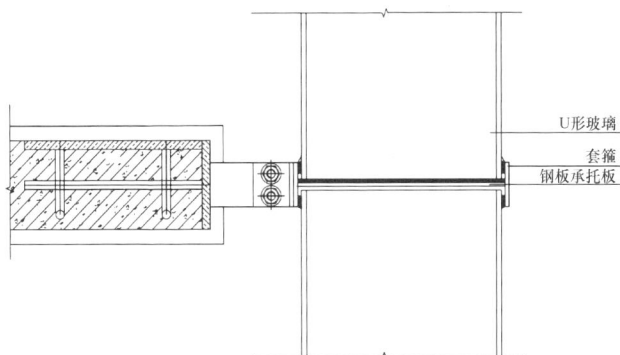

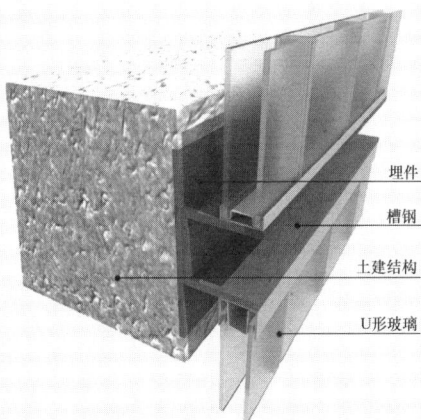

U 形玻璃
套箍
钢板承托板

埋件
槽钢
土建结构
U 形玻璃

工艺说明：U 形璃（U-Profile-Glass）亦称槽型玻璃，是一种新颖的建筑型材玻璃。因截面呈 U 形，使之比普通平板玻璃有较高的机械强度并具有理想的透光性、较好的隔声性、保温隔热性、能节省大量金属材料以及施工简便等优点，适用于机场、车站、体育馆、厂房、办公楼、宾馆、住宅、温室等工业与民用建筑非承重的内外墙、隔断、窗及屋面。

8. 石材幕墙

020308.1　石材幕墙

020308.1.1　石材幕墙安装工艺

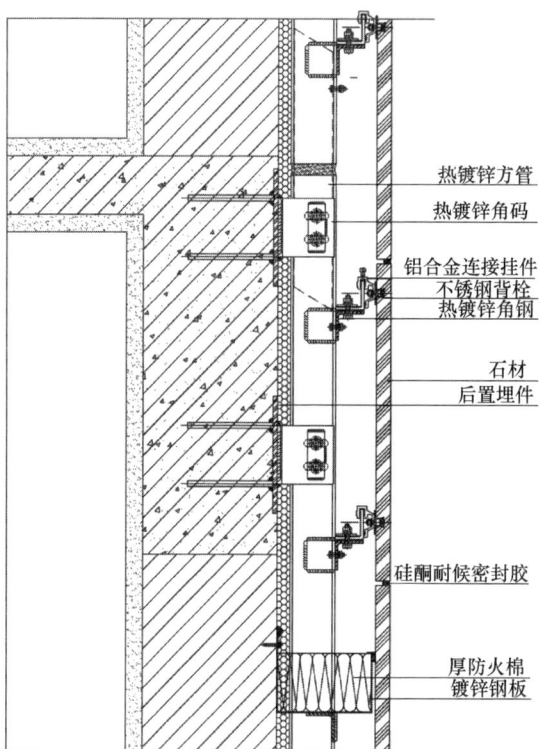

热镀锌方管

热镀锌角码

铝合金连接挂件
不锈钢背栓
热镀锌角钢

石材
后置埋件

硅酮耐候密封胶

厚防火棉
镀锌钢板

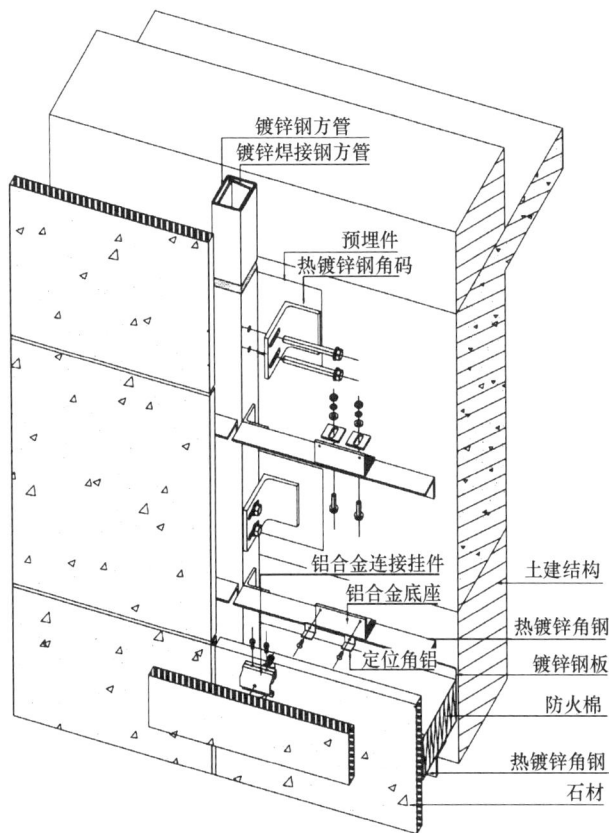

镀锌钢方管
镀锌焊接钢方管

预埋件
热镀锌钢角码

铝合金连接挂件
铝合金底座

土建结构

定位角铝

热镀锌角钢

镀锌钢板

防火棉

热镀锌角钢

石材

工艺说明：石材幕墙的安装：预埋件纠偏→连接件定位放线→连接件安装→连接件安装验收→钢立柱的定位放线→镀锌钢立柱安装→镀锌钢立柱安装检验→横梁定位放线→镀锌角钢安装→整体钢骨架安装验收→石材面板定位放线→石材面板安装→石材面板安装检验→塞泡沫条打密封胶→清洗交验→检测验收→氟碳面漆施工。上下立柱之间应有不小于20mm的缝隙，并采用套芯连结。

020308.1.2　石材幕墙阳角

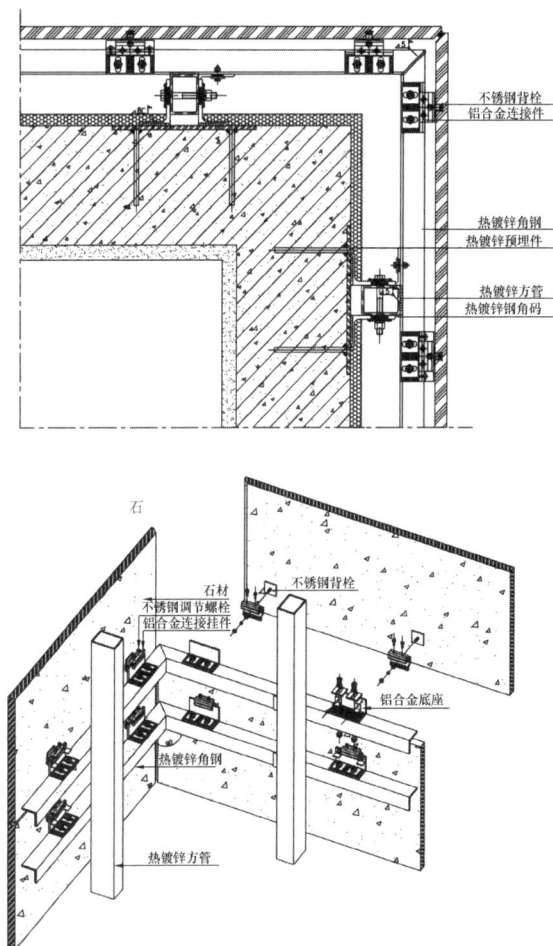

不锈钢背栓
铝合金连接件

热镀锌角钢
热镀锌预埋件

热镀锌方管
热镀锌钢角码

石

石材
不锈钢调节螺栓
铝合金连接挂件

不锈钢背栓

铝合金底座

热镀锌角钢

热镀锌方管

　　工艺说明:干挂石材阳角的主要收口方式有45°拼接对角,即海棠角,以及正面压侧面,正面板材侧面完全出面。

020308.1.3 石材幕墙阴角

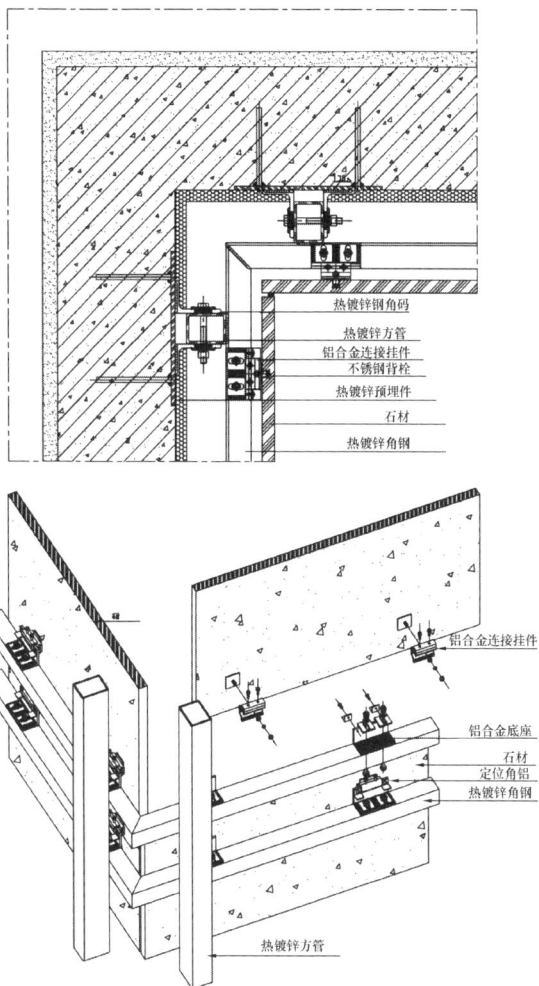

热镀锌钢角码
热镀锌方管
铝合金连接挂件
不锈钢背栓
热镀锌预埋件
石材
热镀锌角钢

铝合金连接挂件

铝合金底座
石材
定位角铝
热镀锌角钢

热镀锌方管

工艺说明：干挂石材阴角的主要收口方式有45°拼接对角，即海棠角。

020308.2 不锈钢挂件石材幕墙

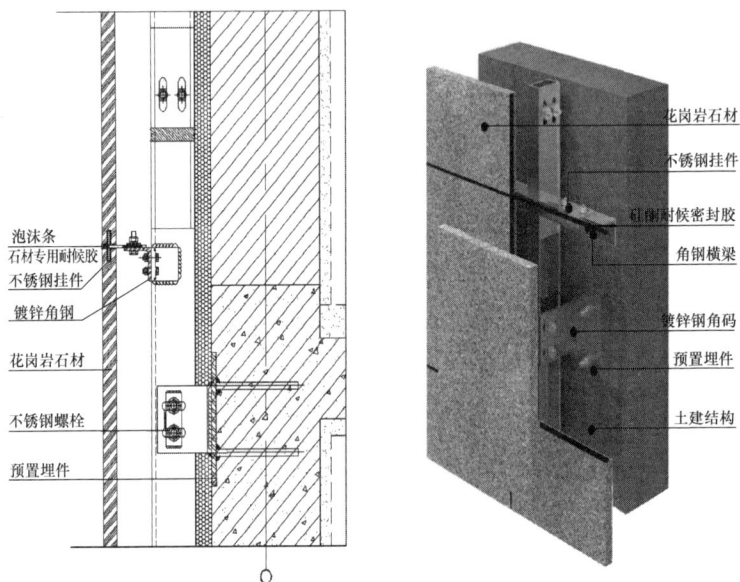

泡沫条
石材专用耐候胶
不锈钢挂件
镀锌角钢
花岗岩石材
不锈钢螺栓
预置埋件

花岗岩石材
不锈钢挂件
硅酮耐候密封胶
角钢横梁
镀锌钢角码
预置埋件
土建结构

工艺说明：石材幕墙采用"L"形挂件系统，安装龙骨与建筑主体结构上的固定埋件连接，再则安装主体受力龙骨，再安装主体受力龙骨期间还要安排安装防火保温材料。等以上工序完成，隐蔽工程验收合格后，剩下的就是石材安装，但是由于主体受力龙骨、石材"L"形挂件安装孔等的偏差也需要将短槽给予修正后才能安装，每一块石材底部的2个"L"形挂件既要拖住上部的石材，还要拖住下部的石材。"L"形挂件与水平龙骨直接采用螺栓连接固定。

020308.3 SE 挂件石材幕墙

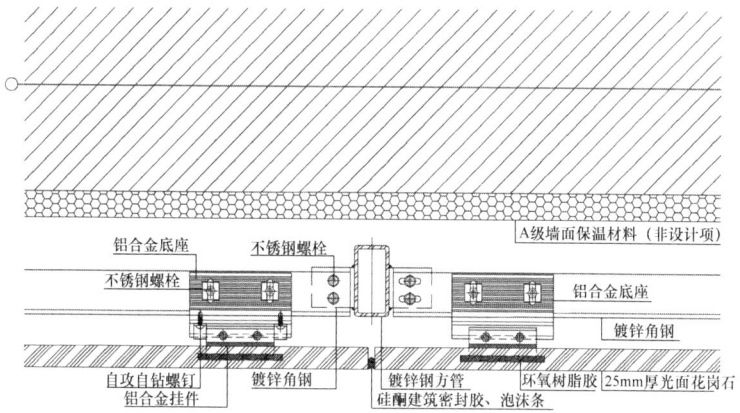

铝合金底座　不锈钢螺栓　A级墙面保温材料（非设计项）

不锈钢螺栓　铝合金底座

镀锌角钢

自攻自钻螺钉　镀锌角钢　镀锌钢方管　环氧树脂胶　25mm厚光面花岗石
铝合金挂件　　　　　　硅酮建筑密封胶、泡沫条

左图标注（从上到下）：
- 花岗岩石材
- 铝合金挂件
- 镀锌角钢
- 镀锌钢角码
- 镀锌焊接
- 钢方管
- 镀锌钢方管
- 镀锌钢垫片
- 镀锌钢角码
- 不锈钢螺栓
- 预埋件
- 防火密封胶
- 厚镀锌钢板
- 厚防火棉

右图标注（从上到下）：
- 花岗岩石材
- 铝合金挂件
- 硅酮建筑密封胶
- 泡沫条
- 镀锌角钢
- 热浸镀锌后置埋件
- 热浸镀锌角码
- 防火棉
- 主建结构

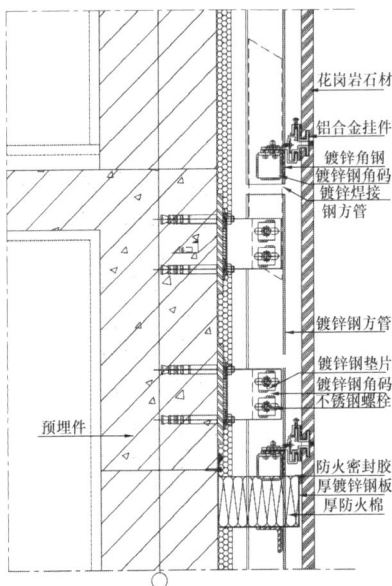

工艺说明：SE又称小单元组件，由一个主件和S形、E形两副件组成，主件与副件在滑槽内为滑动配合，槽内设有贴在侧壁的橡胶条，以避免主件和副件的硬性接触。主件的平板上设有安装孔，与次龙骨的角钢用螺栓连接。副件嵌板槽开口向上的为S形副件，嵌板槽开口向下的附件为E形副件。主件的滑槽式一个时，安装在最上层或最下层。主件的滑槽为两个时，两滑槽应上下排列，安装在中间各层。S形副件与主件位于上面的滑槽配合，E形副件与主件位于下面的滑槽配合。当主件设有一个滑槽时，其平板与右避的连接部位可以在右壁的中部，或在下部，使其底面同滑槽底面形成一个平面，也可以根据制造和使用上的便利选择其他任意部位。

020308.4 背栓式石材幕墙

020308.4.1 开放式

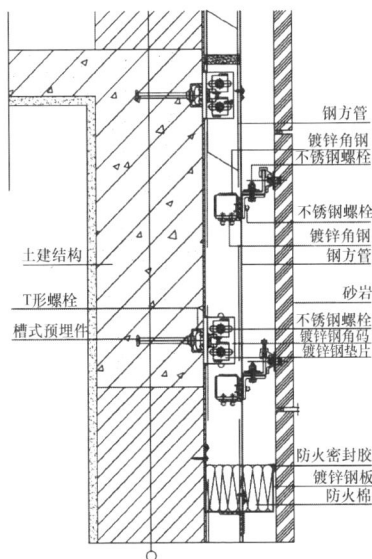

钢方管
镀锌角钢
不锈钢螺栓

不锈钢螺栓
镀锌角钢
钢方管

土建结构

砂岩

T形螺栓
槽式预埋件

不锈钢螺栓
镀锌钢角码
镀锌垫片

防火密封胶
镀锌钢板
防火棉

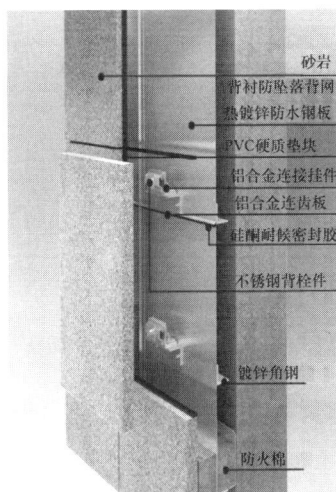

砂岩
背衬防坠落背网
热镀锌防水钢板
PVC硬质垫块
铝合金连接挂件
铝合金连齿板
硅酮耐候密封胶

不锈钢背栓件

镀锌角钢

防火棉

工艺说明：背栓式干挂法是在石材面板的背面采用专用钻孔设备在石材上钻孔，然后安装无应力背栓固定在石材背面，再将螺栓与铝合金挂件连接，通过铝合金挂件与骨架连接将石材干挂在幕墙骨架上。各石材板块自成连接体系，相邻板块间不传递荷载作用。开放式不采用石材之间打胶，防水采用背后增加热镀锌钢板或铝板。

020308.4.2 封闭式

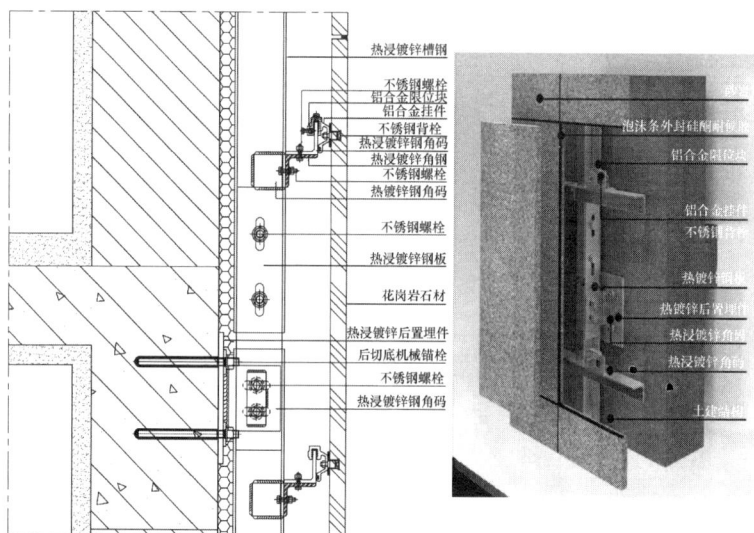

图中标注（左图自上而下）：
热浸镀锌槽钢
不锈钢螺栓
铝合金限位块
铝合金挂件
不锈钢背栓
热浸镀锌钢角码
不锈钢螺栓
热镀锌角钢
不锈钢螺栓
热浸镀锌钢板
花岗岩石材
热浸镀锌后置埋件
后切底机械锚栓
不锈钢螺栓
热浸镀锌钢角码

图中标注（右图）：
胶
泡沫条外封硅酮耐候胶
铝合金限位块
铝合金挂件
不锈钢背栓
热镀锌钢板
热镀锌后置埋件
热浸镀锌角钢
热浸镀锌角码
土建结构

工艺说明：背栓式干挂法是在石材面板的背面采用专用钻孔设备在石材上钻孔，然后安装无应力背栓固定在石材背面，再将螺栓与铝合金挂件连接，通过铝合金挂件与骨架连接将石材干挂在幕墙骨架上。两个板块之间使用泡沫条外封硅酮耐候胶。各石材板块自成连接体系，相邻板块间不传递荷载作用。

020308.5 蜂窝石材幕墙

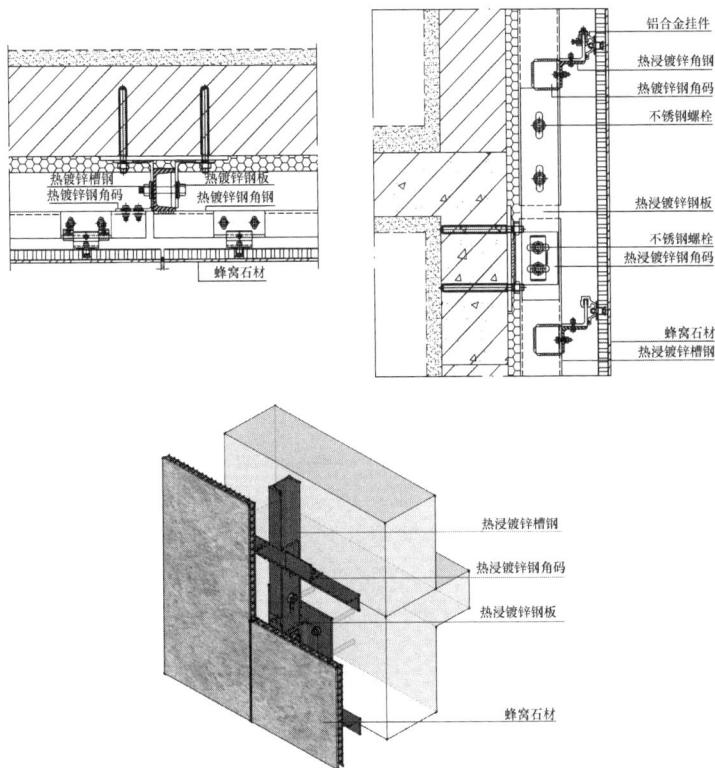

铝合金挂件
热浸镀锌角钢
热镀锌钢角码
不锈钢螺栓

热浸镀锌钢板
不锈钢螺栓
热浸镀锌钢角码

蜂窝石材
热浸镀锌槽钢

热镀锌槽钢
热镀锌钢板
热镀锌钢角码
热镀锌钢角码
热镀锌钢角钢
蜂窝石材

热浸镀锌槽钢
热浸镀锌钢角码
热浸镀锌钢板

蜂窝石材

工艺说明：蜂窝石材，通过石材蜂窝板内的预埋螺母和专用扣件连接外墙上的轻质铝合金龙骨，保温外立面的平整度，施工更简单，安全性更高，尤其适合高层和超高层建筑的石材外墙装饰。

9. 陶土板幕墙

020309.1 陶土板幕墙

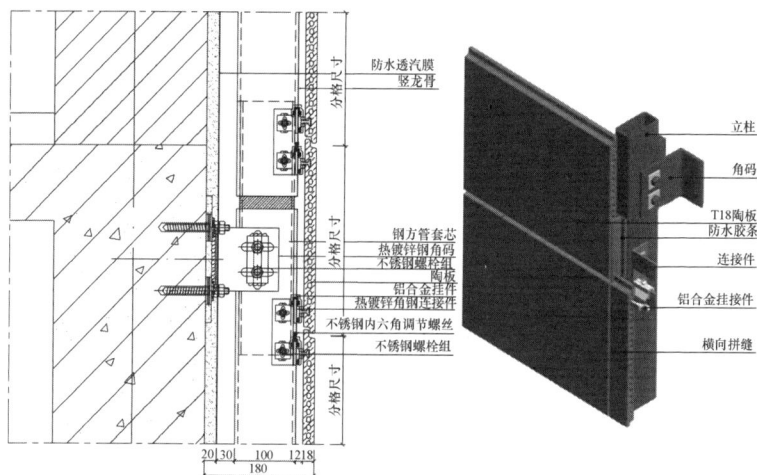

防水透汽膜
竖龙骨

分格尺寸

分格尺寸

钢方管套芯
热镀锌钢角码
不锈钢螺栓组
陶板
铝合金挂件
热镀锌角钢连接件
不锈钢内六角调节螺丝
不锈钢螺栓组

立柱
角码
T18陶板
防水胶条
连接件
铝合金挂接件
横向拼缝

20 30 100 12 18
180

工艺说明:陶板为中空结构,可以有效阻隔热传导,降低建筑空调能耗,节约能源。石材干挂多属于密闭式,而陶板特有的横缝搭接所形成的开放安装方式,使得面材跟墙体之间的空气层能够"自由呼吸",比密闭式能够更大程度地降低能耗。近年来随着世界性的能源紧张,政府已经对公用建筑的能耗问题颁布实施了强制性的节能标准,相对于石材来讲陶板更能够满足这种要求。

020309.2 陶土板幕墙窗侧

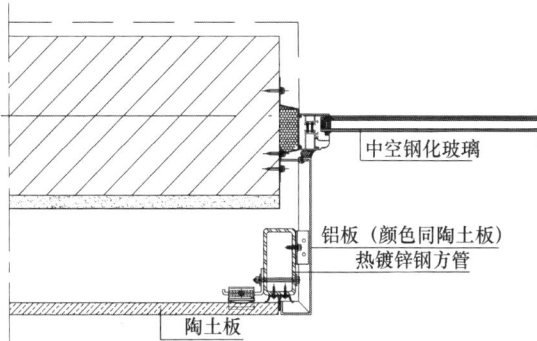

中空钢化玻璃

铝板（颜色同陶土板）
热镀锌钢方管

陶土板

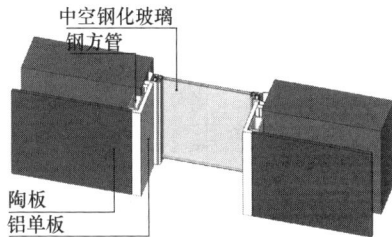

中空钢化玻璃
钢方管

陶板
铝单板

工艺说明：陶土板幕墙顶部及铝合金窗四周需进行封口处理，为保证外观的效果与工艺性，采用 3mm 铝合金板，为防止雨雪水渗漏，铝合金板与陶土板接缝处打胶密封。

10. 铝单板幕墙

020310.1 螺钉式连接

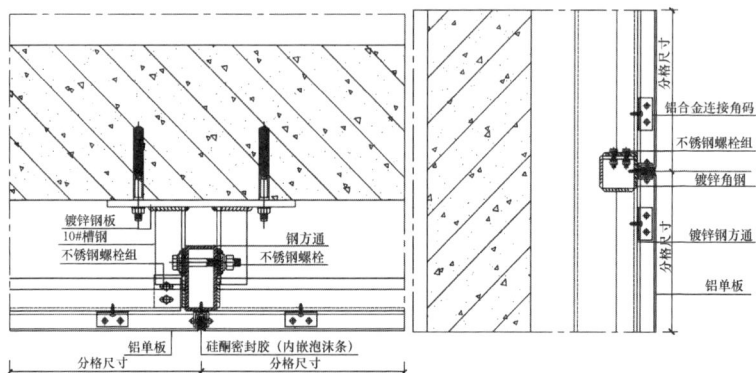

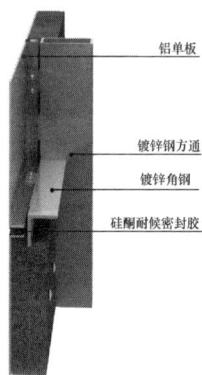

铝合金连接角码
不锈钢螺栓组
镀锌角钢
镀锌钢方通
铝单板

镀锌钢板
10#槽钢
不锈钢螺栓组
钢方通
不锈钢螺栓

铝单板
硅酮密封胶（内嵌泡沫条）
分格尺寸
分格尺寸

铝单板

镀锌钢方通
镀锌角钢
硅酮耐候密封胶

工艺说明：将连接件与主体结构上的预埋件焊接固定。将镀锌钢方通用螺栓与连接件连接，然后将横梁两端的连接件及垫片安装在立柱的预定位置，并应安装牢固，其接缝应严密；相邻两根横梁的水平偏差不应大于 1mm。按施工图用螺钉将铝板逐块固定在型钢骨架上。

020310.2　副框式连接

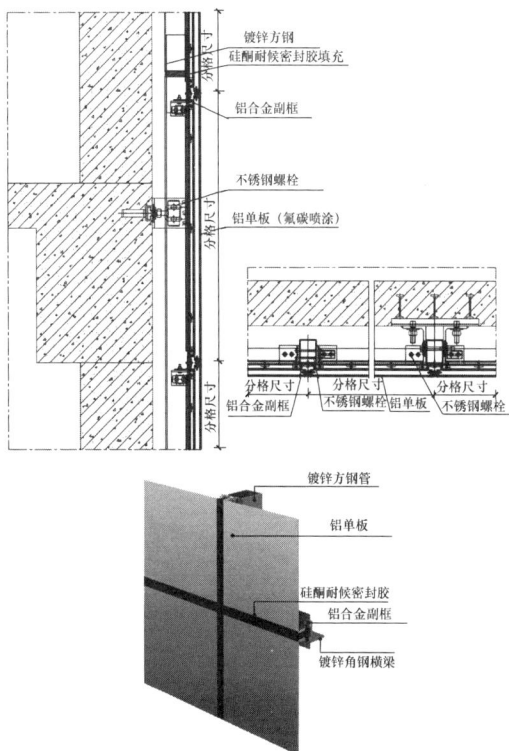

工艺说明：将连接件与主体结构上的预埋件用螺栓固定。将镀锌钢方通用螺栓与连接件连接，然后将横梁两端的连接件及垫片安装在立柱的预定位置，并应安装牢固，其接缝应严密；相邻两根横梁的水平偏差不应大于1mm。铝合金副框与铝合金压块用螺钉固定在镀锌钢方通上。最后用隔热垫片把铝合金副框与铝板隔开并用螺栓连接。

020310.3 挂接式连接

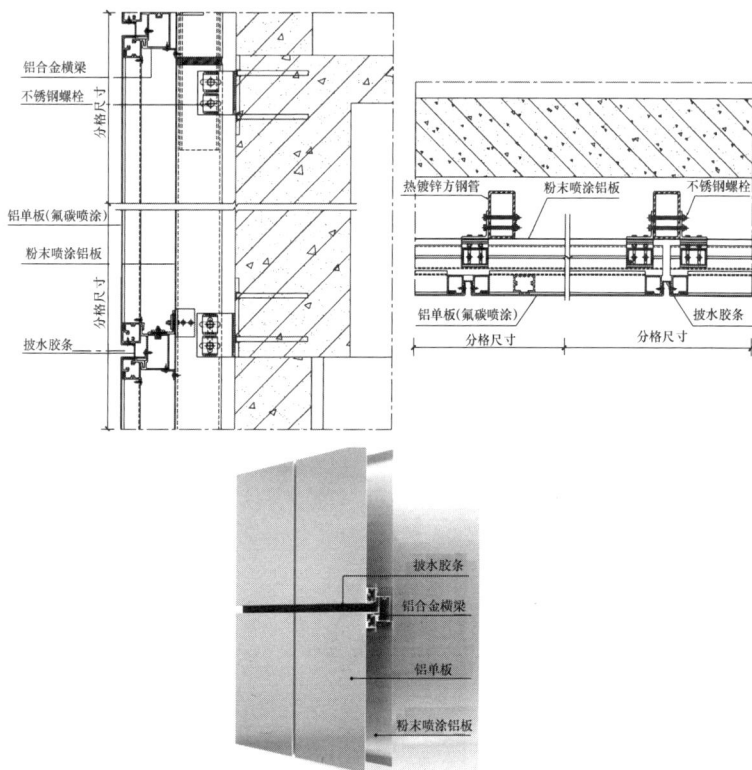

工艺说明：将连接件与主体结构上的预埋件焊接固定。将镀锌钢方通用螺栓与连接件连接，然后将横梁两端的连接件及垫片安装在立柱的预定位置，并应安装牢固，其接缝应严密；相邻两根横梁的水平偏差不应大于 1mm。用螺栓将角钢与铝合金横梁连接，最后用螺钉将铝板与铝合金横梁连接。

11. 蜂窝铝板幕墙

020311.1 螺钉式连接

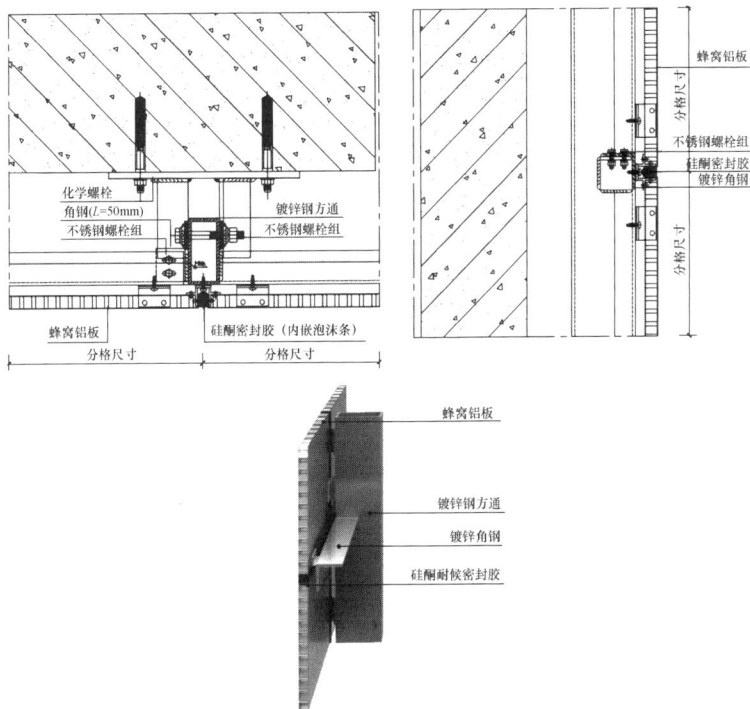

化学螺栓
角钢(L=50mm)
不锈钢螺栓组
镀锌钢方通
不锈钢螺栓组
蜂窝铝板
硅酮密封胶(内嵌泡沫条)
分格尺寸
分格尺寸

蜂窝铝板
分格尺寸
不锈钢螺栓组
硅酮密封胶
镀锌角钢
分格尺寸

蜂窝铝板
镀锌钢方通
镀锌角钢
硅酮耐候密封胶

工艺说明：将连接件与主体结构上的预埋件焊接固定。将镀锌钢方通用螺栓与连接件连接，然后将横梁两端的连接件及垫片安装在立柱的预定位置，并应安装牢固，其接缝应严密；相邻两根横梁的水平偏差不应大于1mm。按施工图用螺钉将铝蜂窝板逐块固定在型钢骨架上。

020311.2 副框式连接

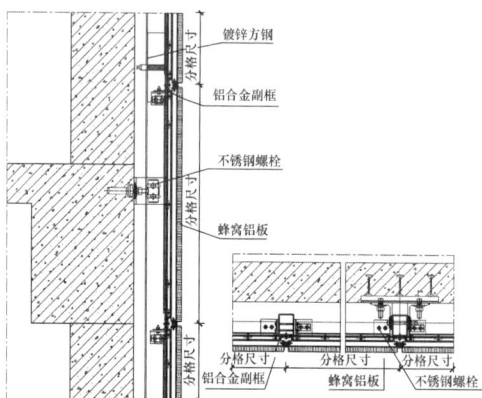

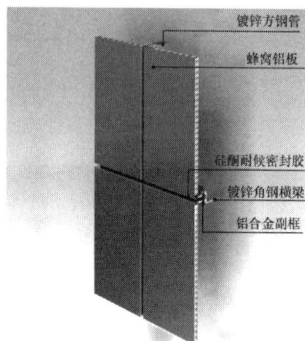

工艺说明：将连接件与主体结构上的预埋件用螺栓固定。将镀锌钢方通用螺栓与连接件连接，然后将横梁两端的连接件及垫片安装在立柱的预定位置，并应安装牢固，其接缝应严密；相邻两根横梁的水平偏差不应大于 1mm。铝合金副框与铝合金压块用螺钉固定在镀锌钢方通上。最后用隔热垫片把铝合金副框与铝蜂窝板隔开并用螺栓连接。

020311.3 挂接式连接

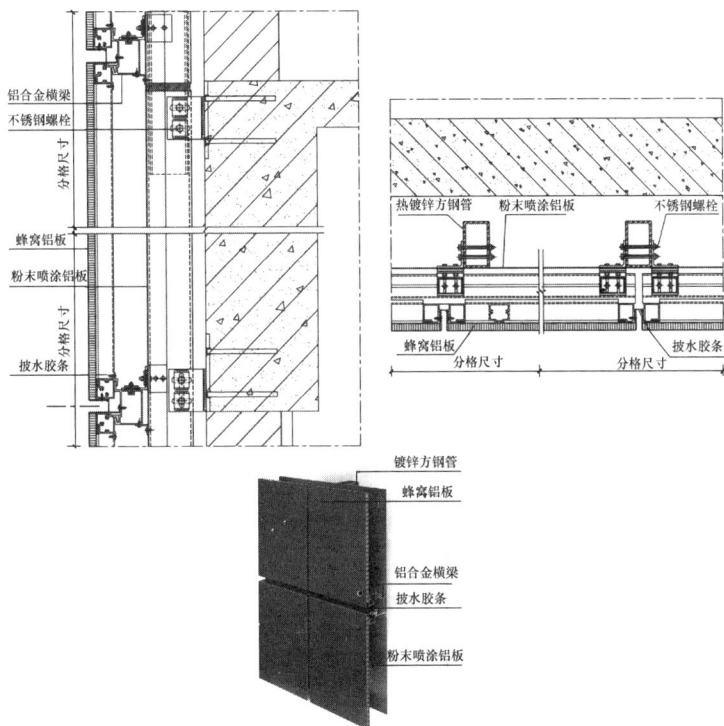

工艺说明：将连接件与主体结构上的预埋件焊接固定。将镀锌钢方通用螺栓与连接件连接，然后将横梁两端的连接件及垫片安装在立柱的预定位置，并应安装牢固，其接缝应严密；相邻两根横梁的水平偏差不应大于 1mm。用螺栓将角钢与铝合金横梁连接，最后用螺钉将铝板与铝合金横梁连接。

12. 穿孔铝板幕墙
020312　穿孔铝板

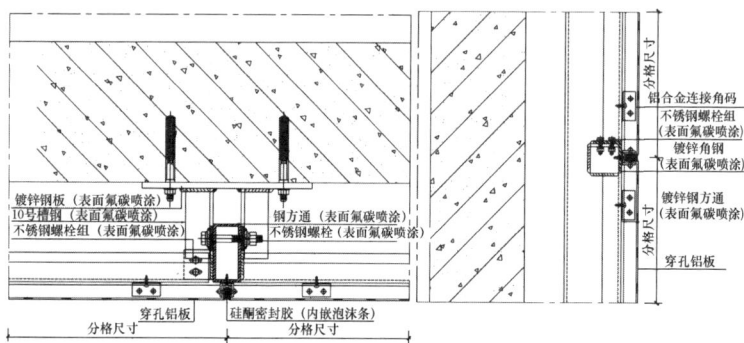

铝合金连接角码
不锈钢螺栓组
（表面氟碳喷涂）
镀锌角钢
（表面氟碳喷涂）
镀锌钢方通
（表面氟碳喷涂）
穿孔铝板
分格尺寸

镀锌钢板（表面氟碳喷涂）
10号槽钢（表面氟碳喷涂）
不锈钢螺栓组（表面氟碳喷涂）
钢方通（表面氟碳喷涂）
不锈钢螺栓（表面氟碳喷涂）
穿孔铝板
硅酮密封胶（内嵌泡沫条）
分格尺寸

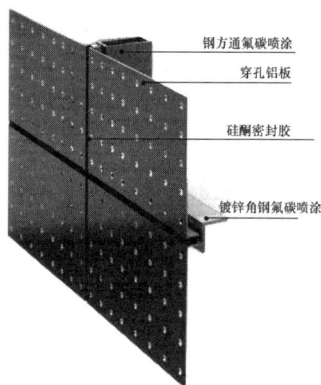

钢方通氟碳喷涂
穿孔铝板
硅酮密封胶
镀锌角钢氟碳喷涂

工艺说明： 将连接件与主体结构上的预埋件焊接固定。将钢方通（表面氟碳喷涂）用不锈钢螺栓（表面氟碳喷涂）与10号槽钢连接件（表面氟碳喷涂）连接，然后将横梁两端的连接件及垫片安装在立柱的预定位置，并应安装牢固，其接缝应严密；相邻两根横梁的水平偏差不应大于1mm。按施工图用螺钉将铝板逐块固定在型钢骨架上。

13. GRC 幕墙
020313　GRC

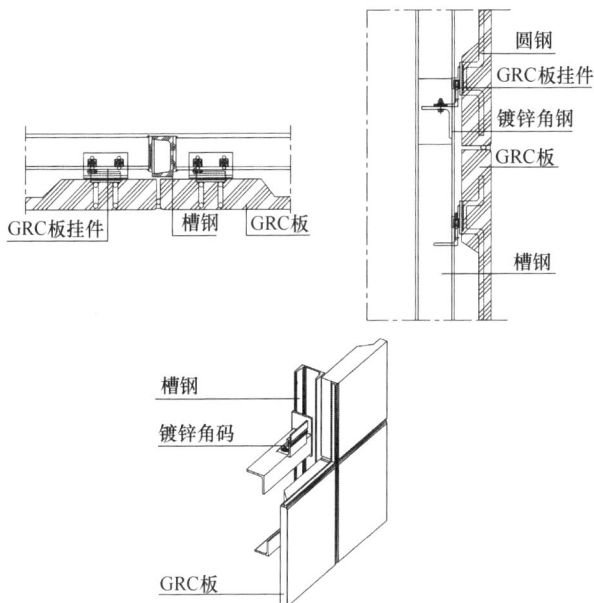

工艺说明：GRC 是一种以耐碱玻璃纤维为增强材料、水泥砂浆为基体材料的纤维混凝土复合材料，GRC 是一种通过造型、纹理、质感与色彩表达设计师想象力的材料。充分利用 GRC 材料所特有的高抗弯、抗拉、抗剪和抗冲击强度，依据薄壳结构原理设计制造刚性曲面造型。强调材料力学与结构力学的综合运用，结合几何造型的合理性，依靠曲面内的双向轴力和顺剪力承受载荷。通过曲面造型变化，丰富建筑立面装饰效果；减轻结构自重，内力均匀，提高了空间整体工作性，强度高，刚度大，节省材料，经济合理。

14. 铝合金门窗系统

020314.1 平开窗

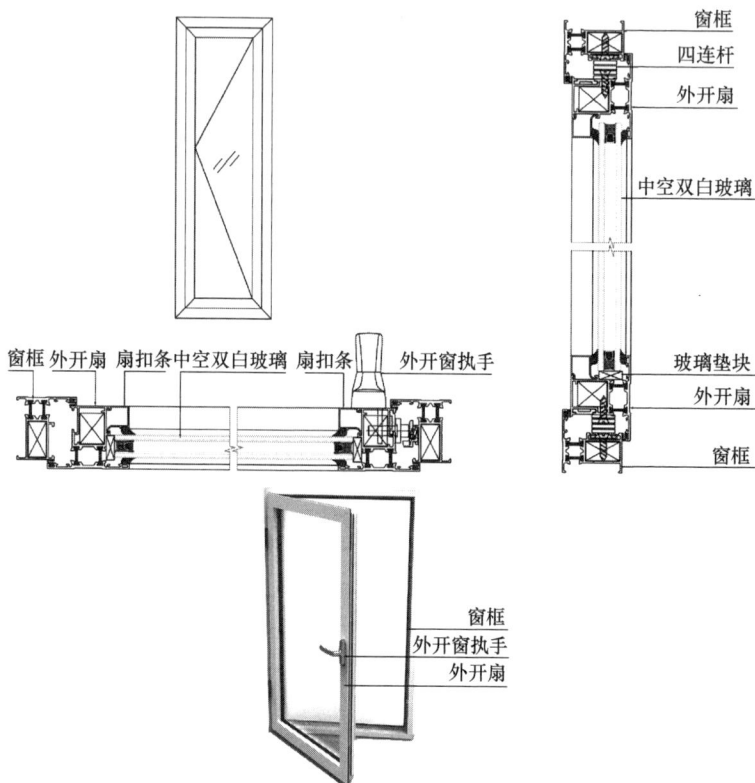

工艺说明：平开窗编制工艺下料尺寸时，按平开窗结构图要求，并注意预留框周边安装注胶缝隙3～5mm，以确保框体与墙体为软连接安装。所用型材、附件等必须检验符合标准后方可使用。所有框、扇型材均按备料表中的下料尺寸按90°切割下料，$L \pm 0.3mm$，角精度为 $90° \pm 10'$。

020314.2　推拉窗

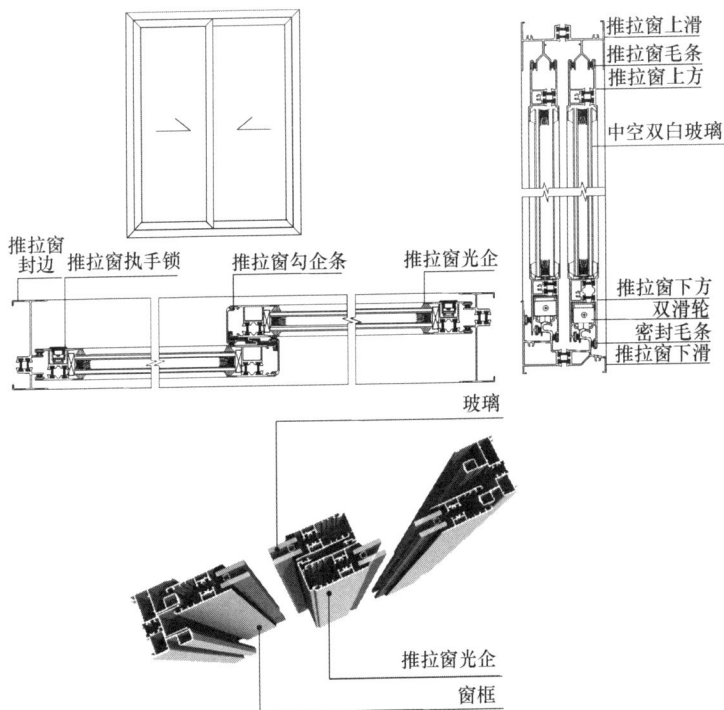

推拉窗上滑
推拉窗毛条
推拉窗上方
中空双白玻璃

推拉窗封边　推拉窗执手锁　推拉窗勾企条　推拉窗光企

推拉窗下方
双滑轮
密封毛条
推拉窗下滑

玻璃

推拉窗光企
窗框

工艺说明：铝合金推拉门窗的安装，一般是采用后塞口，在室内外墙体装饰结束、洞口抹好底灰后进行，这样能使铝合金表面免受污染，窗框不受损伤。但是，后塞口安装给土建施工带来一定的难度，要求土建施工预留窗洞口尺寸必须准确。铝合金推拉窗是先立框，后装扇。

020314. 3 固定窗

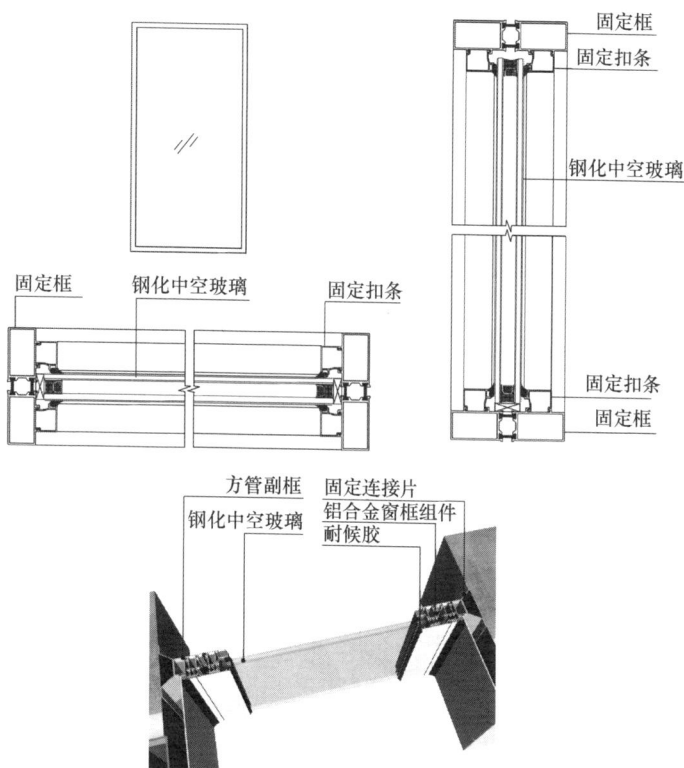

固定框
固定扣条
钢化中空玻璃
固定扣条
固定框

固定框　钢化中空玻璃　固定扣条

方管副框　固定连接片
钢化中空玻璃　铝合金窗框组件
耐候胶

工艺说明：固定窗是用密封胶把玻璃安装在窗框上，只用于采光而不开启通风的窗户，有良好的水密性和气密性。安装时，应在主体结构结束进行质量验收后进行，不锈钢框在室内外装饰工程施工前进行安装。按室内墙面弹出的＋500mm 线和垂直线，标出窗框安装的基准线，作为安装时的标准。固定窗表面粘贴保护膜，安装前检查保护膜。

020314.4 上悬窗

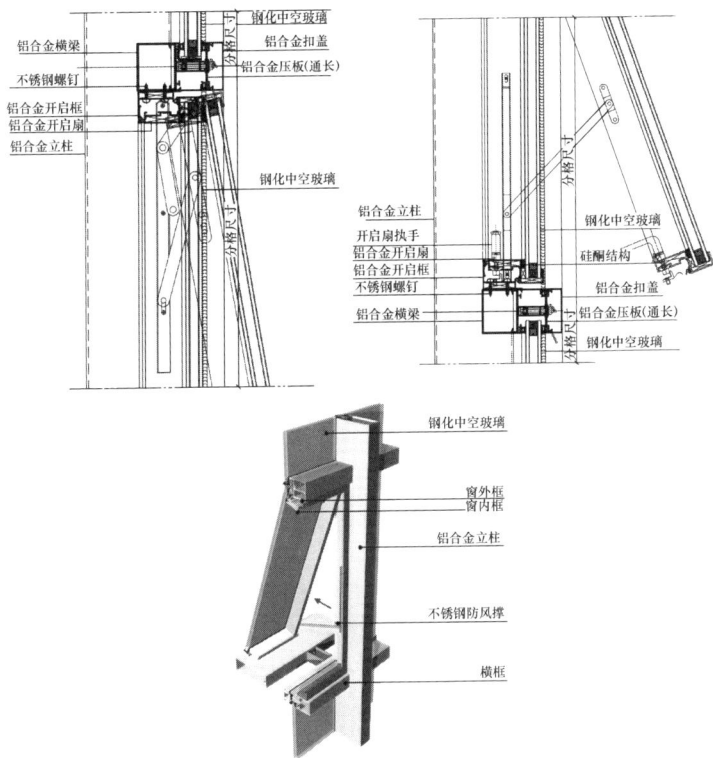

铝合金横梁
不锈钢螺钉
铝合金开启框
铝合金开启扇
铝合金立柱
钢化中空玻璃
铝合金扣盖
铝合金压板(通长)
钢化中空玻璃

分格尺寸
层高尺寸

铝合金立柱
开启扇执手
铝合金开启扇
铝合金开启框
不锈钢螺钉
铝合金横梁
钢化中空玻璃
硅酮结构
铝合金扣盖
铝合金压板(通长)
钢化中空玻璃
分格尺寸

钢化中空玻璃
窗外框
窗内框
铝合金立柱
不锈钢防风撑
横框

工艺说明：上悬窗上横梁铝型材和开启扇上框开模的时候设置挂钩，安装的时候窗户挂在横梁上，在两侧设置风撑即可。开启扇通过两侧承重式摩擦铰链固定在幕墙框架上窗框和窗扇基本固定了，就可以抽掉木棍，并使木棍支起窗扇的另一边，达到90°左右的距离。

020314.5 平开门

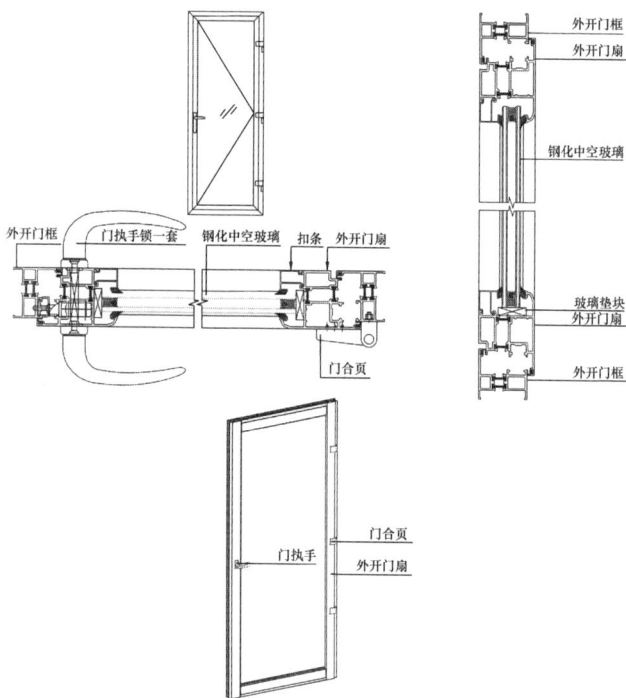

工艺说明：平开门是由门框、门扇、门合页、门执手等组成。施工流程是弹线找规矩→门洞口处理→平开门加工→平开门框运输、定位→平开门框安装→门口四周塞缝→平开门扇安装→五金配件安装→清理、验收。

020314.6 推拉门

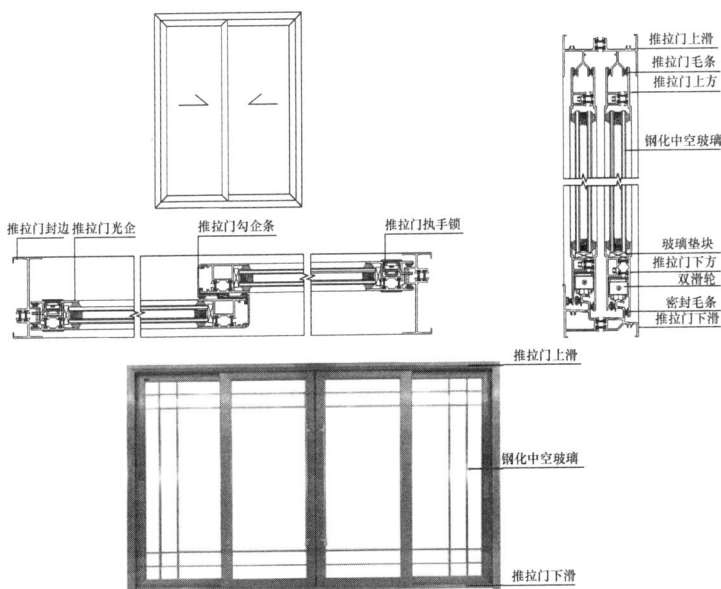

推拉门封边 推拉门光企　　推拉门勾企条　　推拉门执手锁

推拉门上滑
推拉门毛条
推拉门上方
钢化中空玻璃

玻璃垫块
推拉门下方
双滑轮
密封毛条
推拉门下滑

推拉门上滑

钢化中空玻璃

推拉门下滑

工艺说明：主体结构完成并经验收合格后，检查洞口尺寸测量三点以最小点为准。用吊线坠校正框的正、侧面垂直度，用水平尺校正冒头的水平度。安装成品门，测试推是否顺畅。

273

020314.7　提升推拉门

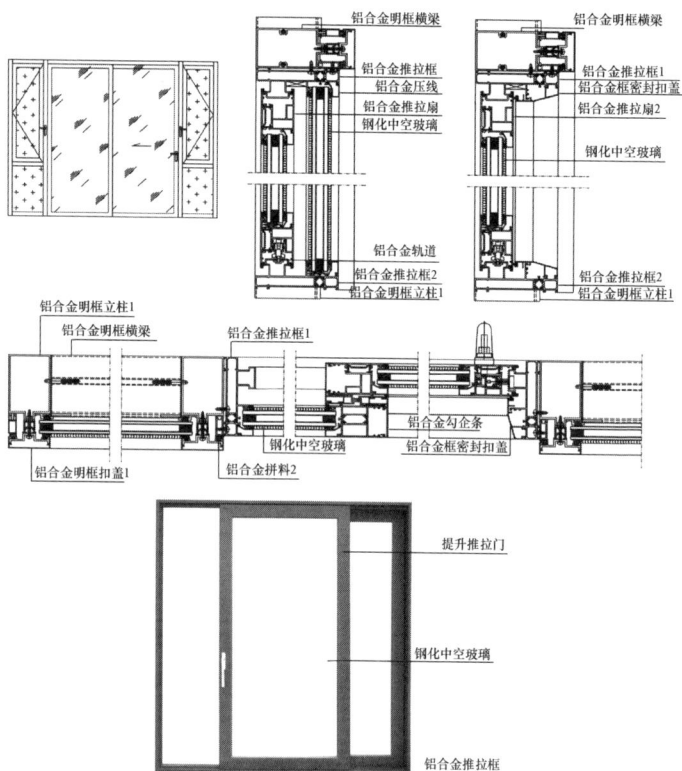

铝合金明框横梁
铝合金推拉框
铝合金压线
铝合金推拉扇
钢化中空玻璃
铝合金轨道
铝合金推拉框2
铝合金明框立柱1

铝合金明框横梁
铝合金推拉框1
铝合金框密封扣盖
铝合金推拉扇2
钢化中空玻璃
铝合金推拉框2
铝合金明框立柱1

铝合金明框立柱1
铝合金明框横梁
铝合金推拉框1
铝合金勾企条
铝合金框密封扣盖
铝合金明框扣盖1
铝合金拼料2
钢化中空玻璃

提升推拉门
钢化中空玻璃
铝合金推拉框

工艺说明：提升推拉门主要用在比较大型、重型推拉门上，跟普通推拉门唯一的区别就是提升系统所用的五金件，比如要使用提升执手、传动器、连接杆，这些是普通推拉门不需要的。简单说它的原理就是杠杆原理，提升执手关闭后滑轮是提升起来的，这时的推拉门是不可再移动的，增强了安全性，也延长了滑轮使用寿命。

020314.8　地弹簧门

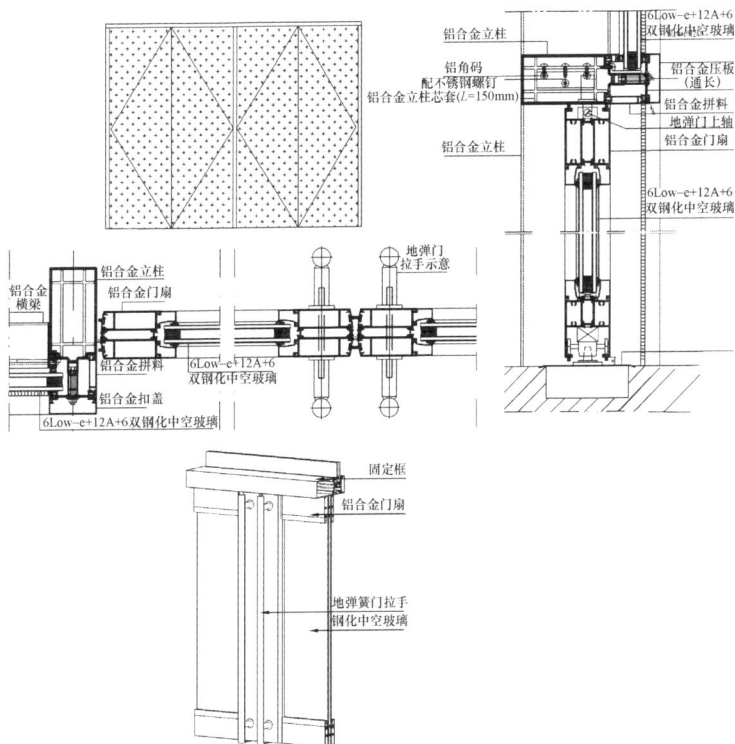

工艺说明：(1) 门扇安装前，地面地弹簧与门框顶面的定位销应定位安装固定完毕；(2) 在门扇的上下横挡内划线，并按线固定转动销的销孔板和地弹簧的转动轴联接板；(3) 厚玻璃应倒角处理，并打好安装门把手的孔洞；(4) 把上下横挡分别装在厚玻璃门扇上下边，并进行门扇高度的测量；(5) 在定好高度之后，进行固定上下横挡操作。

020314.9 百叶窗

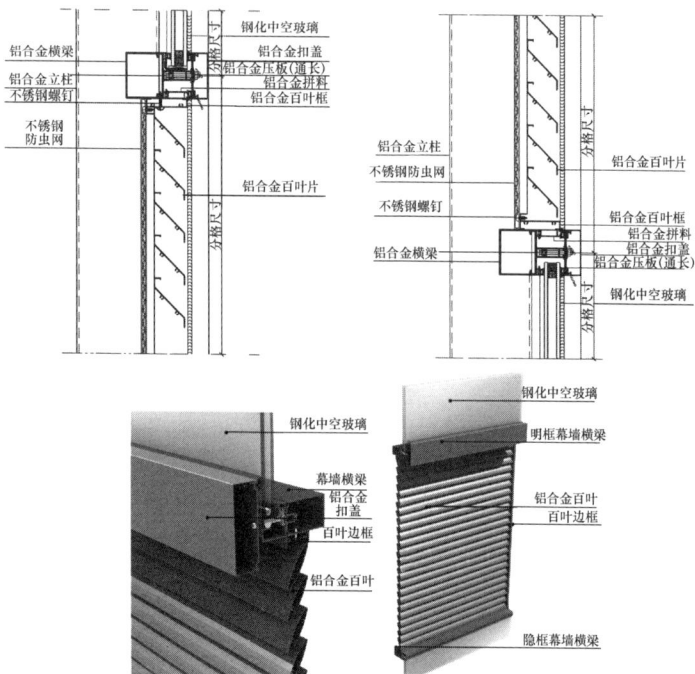

工艺说明：百叶窗安装应垂直水平并与邻接工作面排列整齐。使用隐藏式锚钉，螺栓之垫圈应为铜质或铅制，以保护金属表面。外露之接面应准确接合，形成紧密节点。因装配接合所需之切割、焊接、磨平作业造成的装修面损伤应予修整，力求表面美观平整。

020314.10 格栅

020314.10.1 装饰格栅

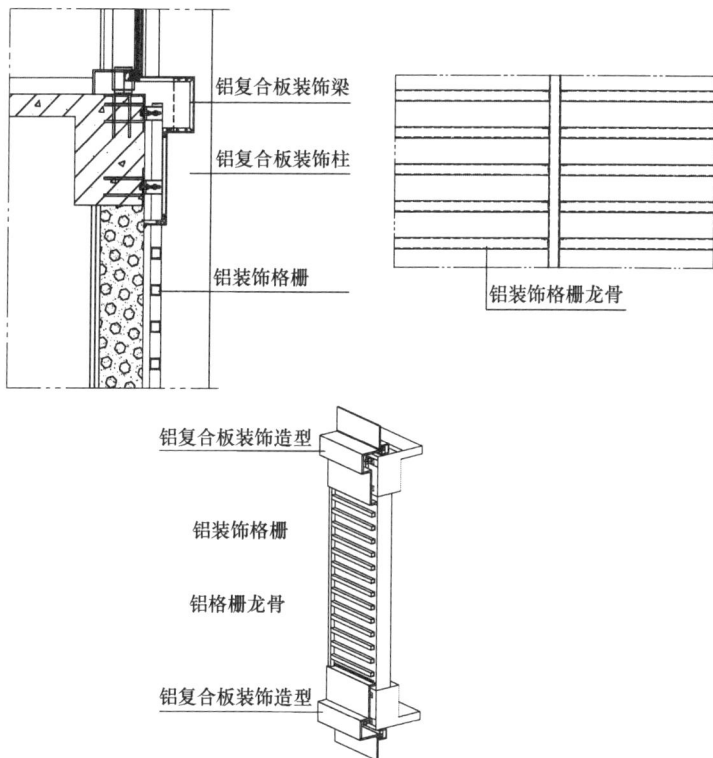

铝复合板装饰梁

铝复合板装饰柱

铝装饰格栅

铝装饰格栅龙骨

铝复合板装饰造型

铝装饰格栅

铝格栅龙骨

铝复合板装饰造型

工艺说明：基层处理，安装预埋件（后加埋件），放线，安装立杆，立杆、面杆、连接杆连接，副框、小横杆安装，最后检查、调整、清洁、验收。

020314.10.2 遮阳格栅

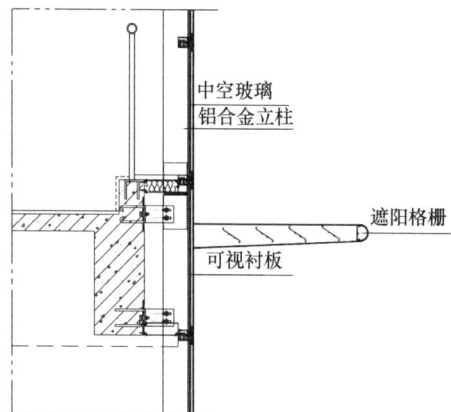

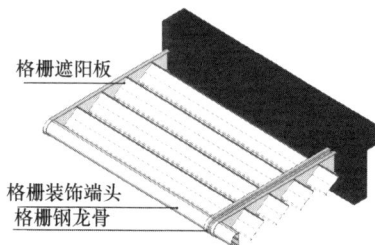

中空玻璃
铝合金立柱
遮阳格栅
可视衬板

格栅遮阳板
格栅装饰端头
格栅钢龙骨

工艺说明：在主体钢结构或预埋件上弹上镀锌连接件安装位置，在整个施工面上设立一垂直钢丝（钢丝采用φ1.5mm），按照钢丝垂直走向与水平标高安装角码，将钢质连接件点焊在预埋件上，将竖料固定在铝合金连接扁铝上，竖料的垂直度调整后，进行不锈钢螺栓连接，调校，清洁密封打胶。

15. 采光顶

020315.1 隐框玻璃采光顶

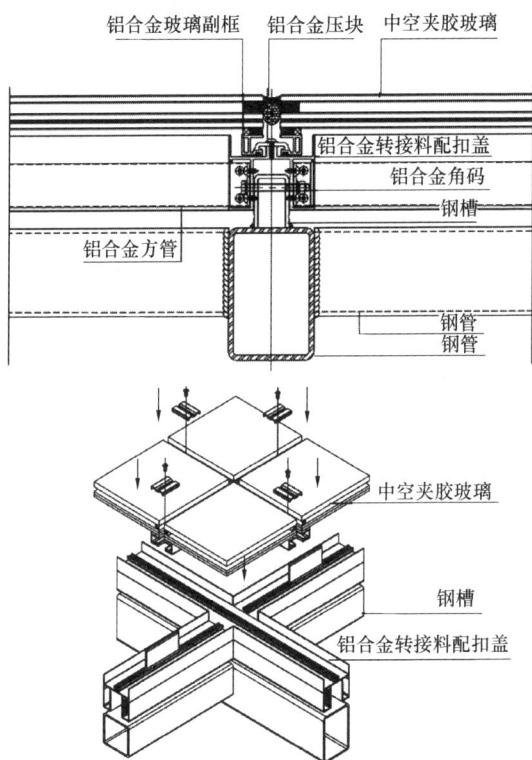

图中标注:铝合金玻璃副框　铝合金压块　中空夹胶玻璃　铝合金转接料配扣盖　铝合金角码　钢槽　铝合金方管　钢管　钢管　中空夹胶玻璃　钢槽　铝合金转接料配扣盖

工艺说明:隐框玻璃采光顶的玻璃悬挑尺寸应符合设计要求,且不宜超过200mm。采光顶钢化玻璃应采用均质钢化玻璃。玻璃面板面积不宜大于2.5m²,长边边长不宜大于2m。根据浙江省建筑幕墙安全技术要求有关规定建筑玻璃采光顶应当设置防坠落构造措施。

020315.2 明框玻璃采光顶

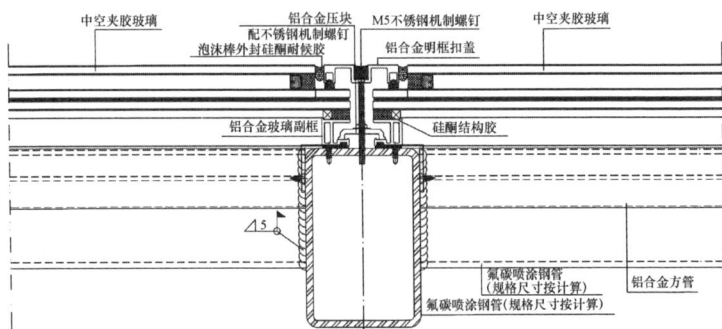

玻璃采光顶节点图

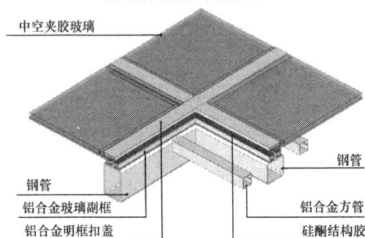

工艺说明：严寒和寒冷地区采用明框采光顶构造时，宜根据建筑物功能需要，在室内侧支撑构件上设置冷凝水收集和排放系统。明框采光顶构造方式大多数是由倾斜或水平的铝合金组成的框格上镶嵌玻璃，并用铝合金压板固定夹持玻璃，玻璃采光顶顶盖的围护构件，框格本身固接在承重结构上，由它传递采光顶的自重、风荷载、雪荷载。根据浙江省建筑幕墙安全技术要求有关规定建筑玻璃采光顶应当设置防坠落构造措施。

020315.3　半隐框玻璃采光顶

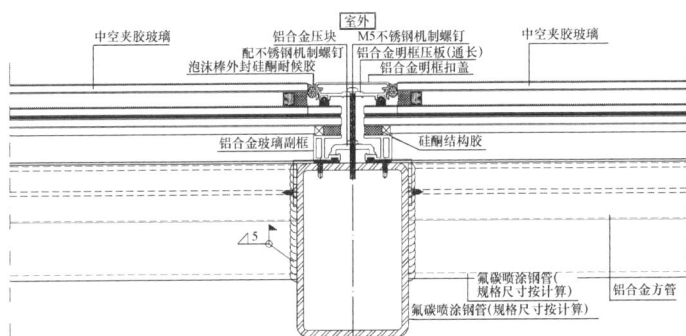

玻璃采光顶节点图

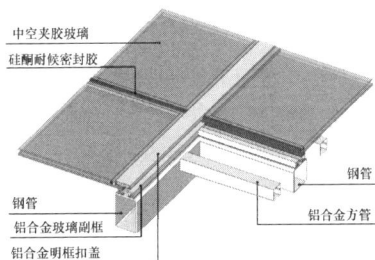

工艺说明：严寒和寒冷地区采用半隐框采光顶构造时，宜根据建筑物功能需要，在室内侧支撑构件上设置冷凝水收集和排放系统。当采光顶玻璃最高点到地面或楼面距离大于3m时，应采用夹层玻璃或夹层中空玻璃，且夹胶层位于下侧。根据浙江省建筑幕墙安全技术要求有关规定建筑玻璃采光顶应当设置防坠落构造措施。

020315.4　点式玻璃采光顶

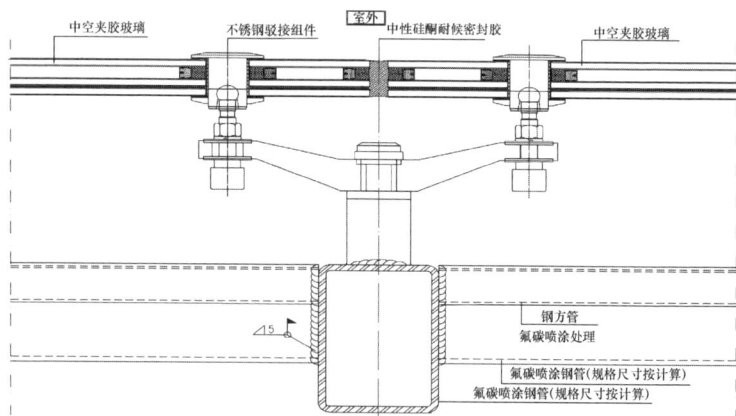

玻璃采光顶节点图

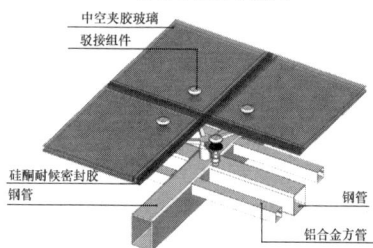

　　工艺说明：点支承玻璃采用穿孔式连接时宜采用浮头连接件，连接件与面板贯穿部位宜采用密封胶密封。点支式玻璃平顶宜采用采光顶专用爪件。根据浙江省建筑幕墙安全技术要求有关规定建筑玻璃采光顶应当设置防坠落构造措施。

16. 雨棚

020316.1 玻璃钢结构雨棚

020316.1.1 悬挑点式玻璃雨棚

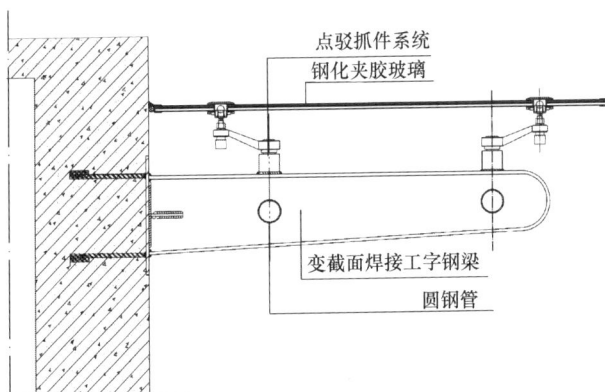

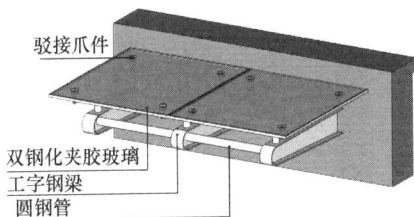

工艺说明：测量放线→预埋件校准→安装连接件→校准检验→安装钢骨架→整体调整→安装不锈钢爪→校准检验→安装驳接系统→安装玻璃→调整检验→打胶→修补检验→玻璃清洗→清理现场→交检验收。

020316.1.2 拉杆点式玻璃雨棚

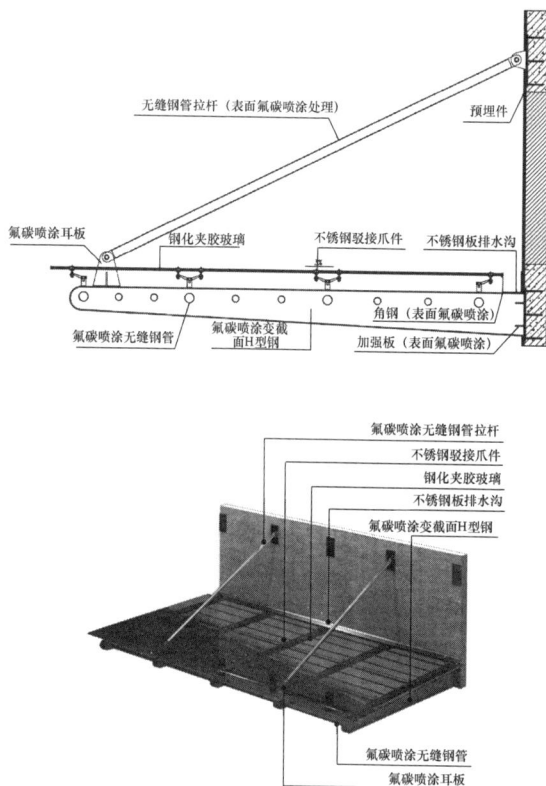

无缝钢管拉杆（表面氟碳喷涂处理）
预埋件
氟碳喷涂耳板
钢化夹胶玻璃
不锈钢驳接爪件
不锈钢板排水沟
氟碳喷涂无缝钢管
氟碳喷涂变截面H型钢
角钢（表面氟碳喷涂）
加强板（表面氟碳喷涂）

氟碳喷涂无缝钢管拉杆
不锈钢驳接爪件
钢化夹胶玻璃
不锈钢板排水沟
氟碳喷涂变截面H型钢
氟碳喷涂无缝钢管
氟碳喷涂耳板

工艺说明：雨篷作为悬挑构件，对于大跨度、重荷载的雨篷需增加斜拉杆。浙江省文件要求雨篷玻璃需采用半钢化、超白钢化或均质钢化夹胶玻璃，且在玻璃边缘采用不锈钢材质包边，防止夹胶片老化失效。其中玻璃雨篷需加设防坠落措施。

020316.1.3 悬挑隐框玻璃雨棚

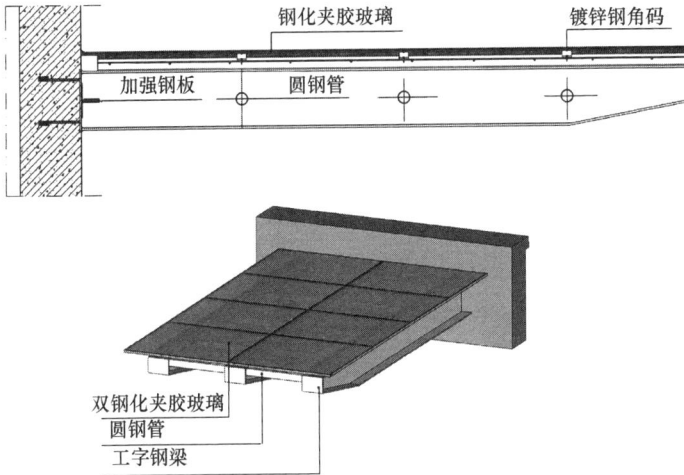

工艺说明：骨架与混凝土结构之间应通过预埋件连接，采用膨胀螺栓后植埋件时，螺栓不能少于4个。采用钢骨架时，应加一层2mm厚铝板再打注结构胶，或加工成铝框玻璃组件安装。隐框玻璃悬挑长度不应小于150mm，钢化钻孔玻璃的孔径、孔位、孔距应符合《点支式玻璃幕墙工程技术规程》CECS 127的要求。

020316.1.4 拉杆隐框玻璃雨篷

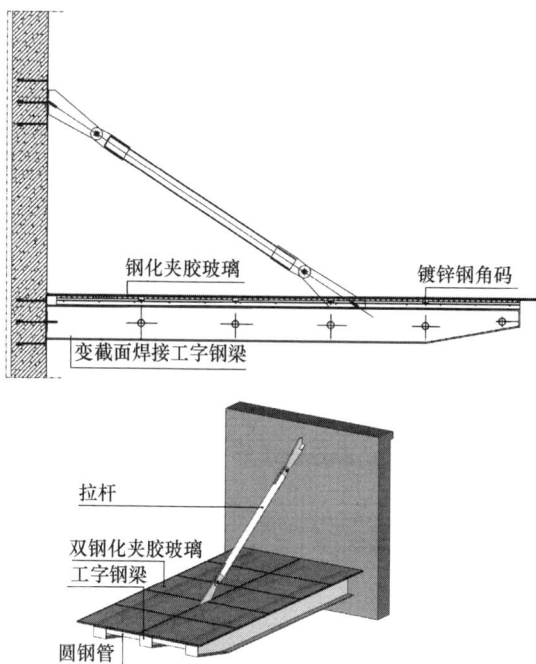

钢化夹胶玻璃

镀锌钢角码

变截面焊接工字钢梁

拉杆

双钢化夹胶玻璃
工字钢梁

圆钢管

工艺说明：雨篷钢梁与混凝土梁柱连接通过预埋件采用高强螺栓连接，雨篷梁上为玻璃骨架方钢管，玻璃骨架方钢管之间及与钢梁之间均采用单面角焊缝连接，玻璃骨架方钢管上为双层钢化夹胶玻璃。

17. 栏杆

020317.1 玻璃栏杆

020317.1.1 点式玻璃栏杆

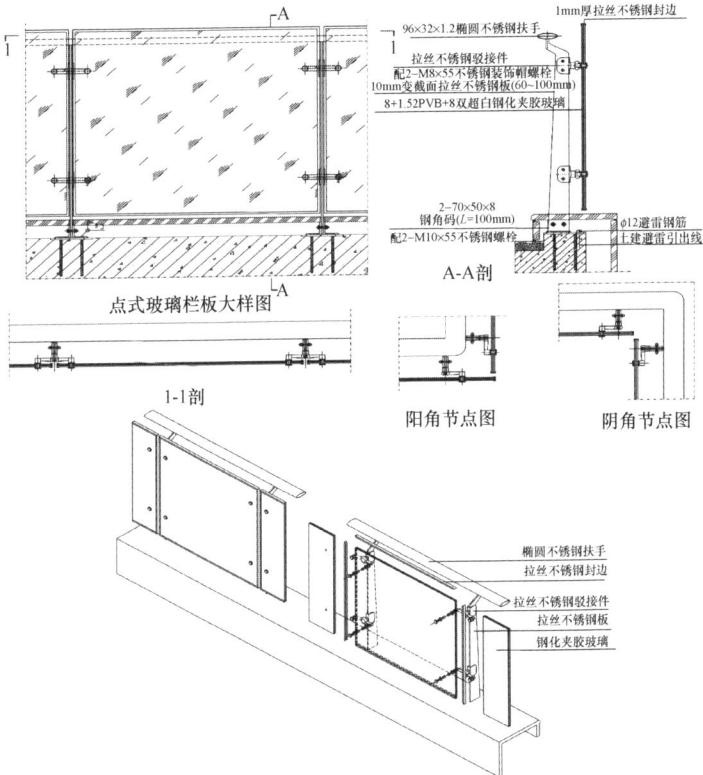

点式玻璃栏板大样图

96×32×1.2椭圆不锈钢扶手
拉丝不锈钢驳接件
配2-M8×55不锈钢装饰帽螺栓
10mm变截面拉丝不锈钢板(60~100mm)
8+1.52PVB+8双超白钢化夹胶玻璃

1mm厚拉丝不锈钢封边

2-70×50×8
钢角码(L=100mm)
配2-M10×55不锈钢螺栓

φ12避雷钢筋
土建避雷引出线

A-A剖

1-1剖

阳角节点图

阴角节点图

椭圆不锈钢扶手
拉丝不锈钢封边
拉丝不锈钢驳接件
拉丝不锈钢板
钢化夹胶玻璃

工艺说明: 玻璃栏杆应使用厚度不小于12mm的钢化玻璃或钢化夹层玻璃,当栏杆一侧距楼地面高度5m及以上时,应使用钢化夹层玻璃。玻璃不得与刚性节点直接接触,两者之间应有弹性材料衬垫,当设计采用两边嵌入式玻璃护栏时,玻璃伸入立柱槽口两侧应各有3mm以上的间隙,间隙用玻璃密封胶填充,玻璃嵌入槽口深度不小于12mm。玻璃栏杆的底座是固定护栏的关键部位,一般需要采用角钢材加工组合成固定玻璃的固定件。

020317.1.2 夹板式玻璃栏杆

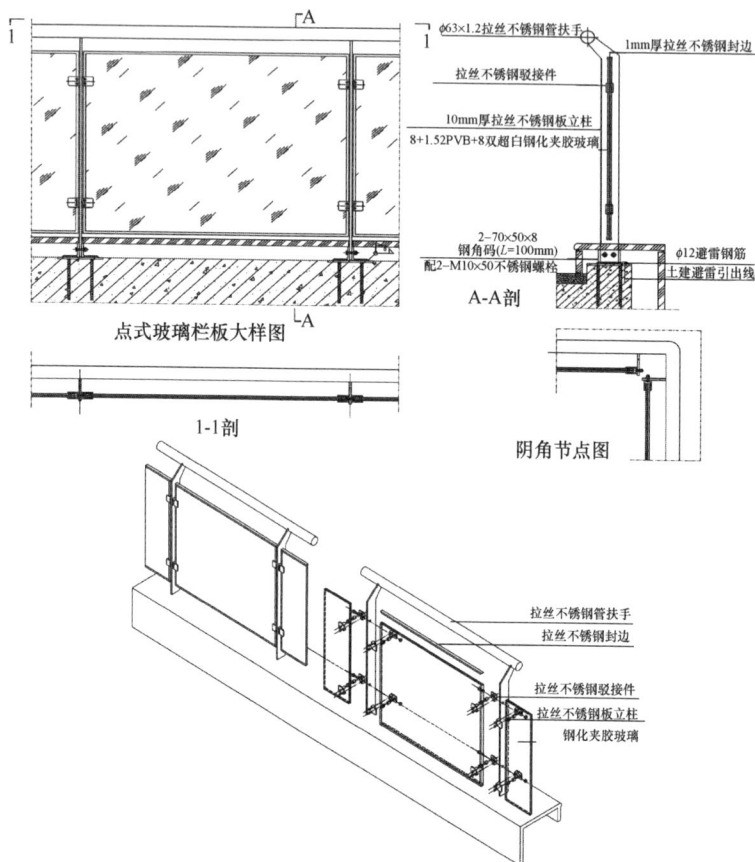

点式玻璃栏板大样图

1-1剖

A-A剖

阴角节点图

φ63×1.2拉丝不锈钢管扶手

1mm厚拉丝不锈钢封边

拉丝不锈钢驳接件

10mm厚拉丝不锈钢板立柱

8+1.52PVB+8双超白钢化夹胶玻璃

2-70×50×8
钢角码(L=100mm)
配2-M10×50不锈钢螺栓

φ12避雷钢筋

土建避雷引出线

拉丝不锈钢管扶手
拉丝不锈钢封边
拉丝不锈钢驳接件
拉丝不锈钢板立柱
钢化夹胶玻璃

工艺说明：夹板式是用过立柱上焊接的卡槽把玻璃卡住。金属立柱上每根至少要设置两个或两个以上卡槽，卡槽与立柱焊接好后要打磨光滑，手感或目测无焊痕。在一根立柱上的所有卡槽必须在一条垂线上，每条栏板所有立柱也必须确保垂直和顺直。每两个立柱间的卡槽应在一个垂直面上。安装玻璃时一定要玻璃入槽卡紧，但应适当控制夹紧力，不得超过设计的要求范围，避免因夹力过大而损坏玻璃。

020317.1.3 全玻璃栏杆

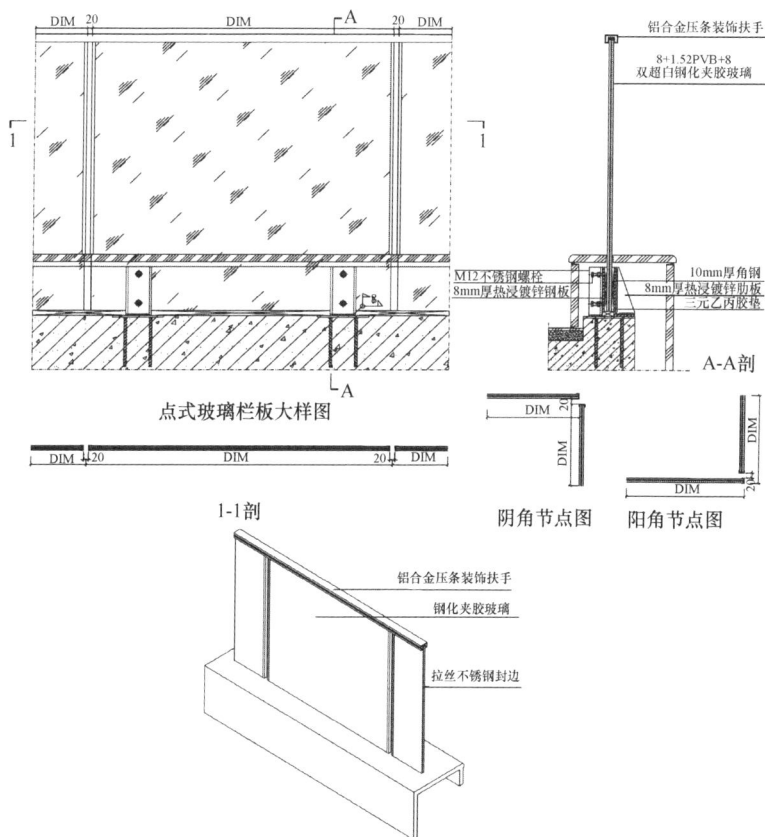

点式玻璃栏板大样图

1-1剖

阴角节点图 阳角节点图

A-A剖

铝合金压条装饰扶手
8+1.52PVB+8
双超白钢化夹胶玻璃
M12不锈钢螺栓
8mm厚热浸镀锌钢板
10mm厚角钢
8mm厚热浸镀锌肋板
三元乙丙胶垫

铝合金压条装饰扶手
钢化夹胶玻璃
拉丝不锈钢封边

工艺说明：即玻璃与玻璃之间没有任何连接材料，玻璃块与块之间在安装时宜留8mm左右的孔隙，以免玻璃块之间相互碰撞或因温度变化产生应力而损坏玻璃。玻璃的固定由上边的扶手和下边的地面通过与玻璃的连接来实现。

020317.1.4　铝合金玻璃栏杆

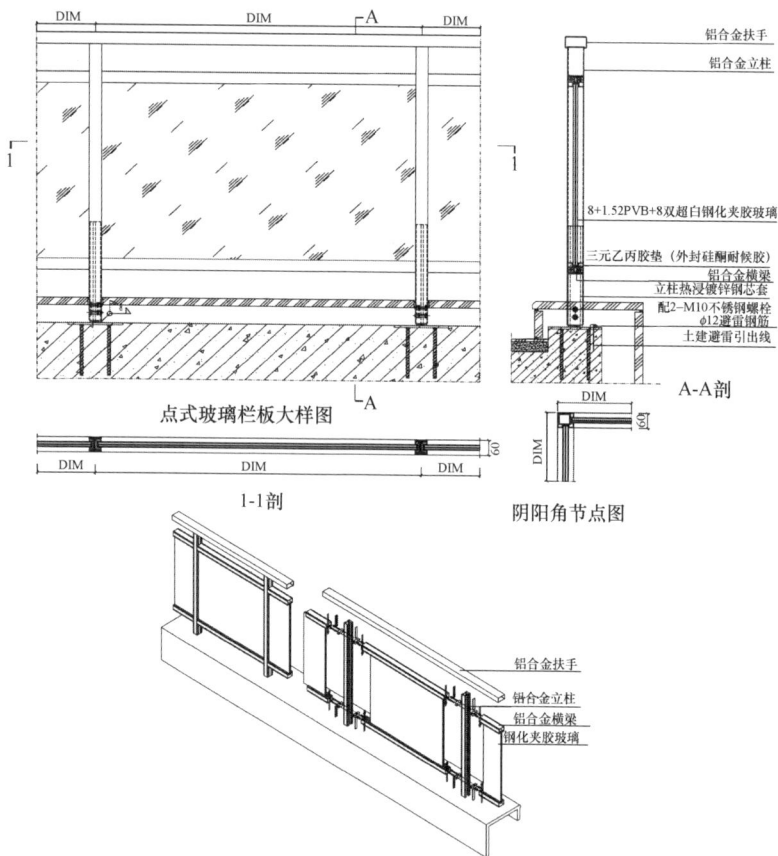

铝合金扶手
铝合金立柱

1

DIM　　DIM　　A　　DIM

点式玻璃栏板大样图

8+1.52PVB+8双超白钢化夹胶玻璃
三元乙丙胶垫（外封硅酮耐候胶）
铝合金横梁
立柱热浸镀锌钢芯套
配2-M10不锈钢螺栓
φ12避雷钢筋
土建避雷引出线

A-A剖

DIM　　DIM　　DIM

1-1剖

DIM

阴阳角节点图

铝合金扶手
铝合金立柱
铝合金横梁
钢化夹胶玻璃

工艺说明：放线，底座预埋件安装，立柱安装，玻璃安装，铝合金扶手面管安装，玻璃打胶，成品保护。

290

020317.2 铝合金栏杆

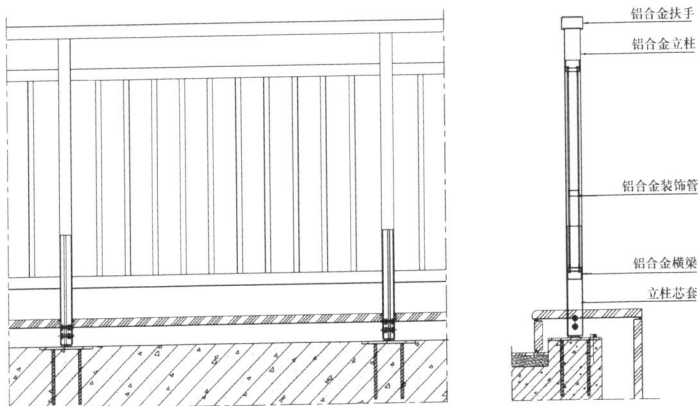

铝合金扶手
铝合金立柱

铝合金装饰管

铝合金横梁
立柱芯套

工艺说明：铝合金栏杆具有足够的强度和抗冲击性能，可塑性强。栏杆安装时应注意垂直杆件间距不应大于0.11m，低层、多层住宅的阳台栏杆净高不应低于1.05m，中高层、高层住宅的阳台栏杆净高不应低于1.10m。

020317.3　不锈钢栏杆

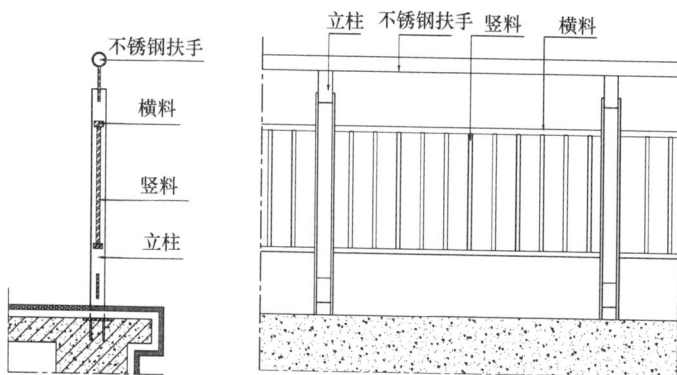

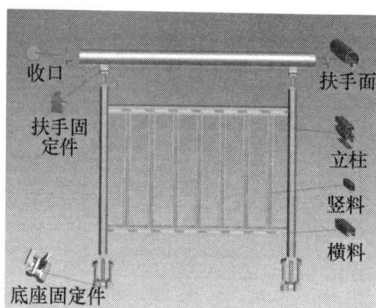

工艺说明：不锈钢栏杆立柱是固定于建筑结构上，用于支承扶手及固定玻璃板、金属板、钢杆、钢索或金属网的竖向构件，是护栏的主要承受荷载构件。主要采用无焊连接、横竖穿插的不锈钢组装而成。相对于传统的铁艺栏杆，安装更加快捷，外表更加美观配件采用使用寿命可达50年之久的改性高强度工程尼龙，其强度、硬度远高于普通钢制材料，每平方米可承受183MPa以上的压力，2729MPa的拉伸力，可承受220℃以下高温不变形等优点。

18. 陶瓷板幕墙

020318.1 C形幕墙系统

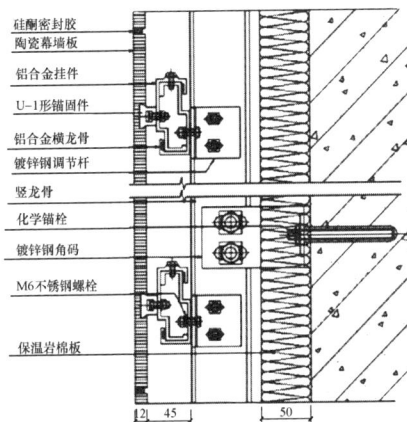

硅酮密封胶
陶瓷幕墙板
铝合金挂件
U-1形锚固件
铝合金横龙骨
镀锌钢调节杆
竖龙骨
化学锚栓
镀锌钢角码
M6不锈钢螺栓
保温岩棉板

12 45 50

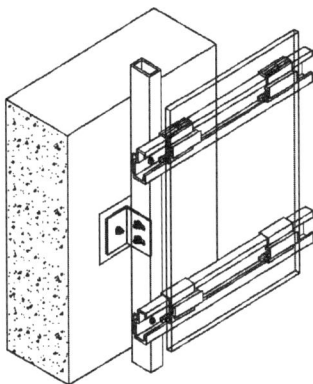

工艺说明：C形幕墙系统适用于技术复杂的混合式幕墙，能够方便地实现与背栓幕墙连接系统的兼容，在框架结构、横向排版的石材/瓷板幕墙工程中应用性价比较高；铝制横龙骨及连接件精度高，施工技术要求较高，综合造价较高。

020318.2　L形幕墙系统

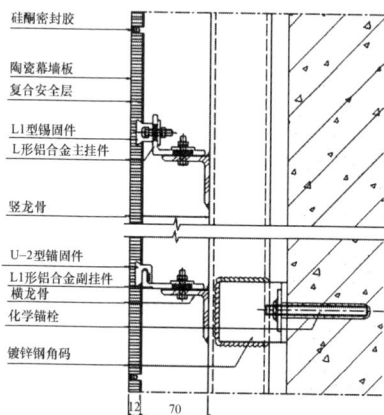

硅酮密封胶

陶瓷幕墙板
复合安全层

L1型锡固件
L形铝合金主挂件

竖龙骨

U-2型锚固件
L1形铝合金副挂件
横龙骨
化学锚栓

镀锌钢角码

12　70

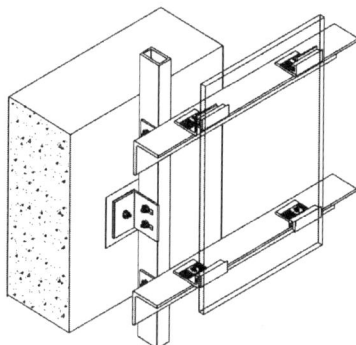

　　工艺说明：L形幕墙系统连接件三维可调，调节余量较大，龙骨安装技术难度较低，安装工人操作方便、效率高。在框架结构、竖向排版的石材/瓷板幕墙工程中应用性价比较高。

020318.3 T形幕墙系统

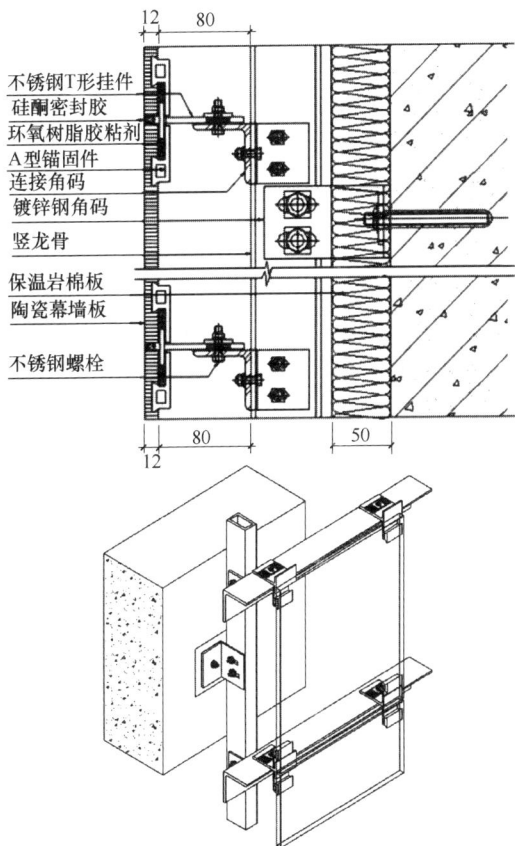

不锈钢T形挂件
硅酮密封胶
环氧树脂胶粘剂
A型锚固件
连接角码
镀锌钢角码
竖龙骨
保温岩棉板
陶瓷幕墙板
不锈钢螺栓

12 80
80 50
12

工艺说明：T形幕墙系统支撑体系龙骨用量少，安装工艺简单方便、安装效率高。该系统与L形和C形幕墙系统相比较造价较低。

第四节 保温、防雷、防火构造

1. 保温构造

020401.1 墙体保温构造

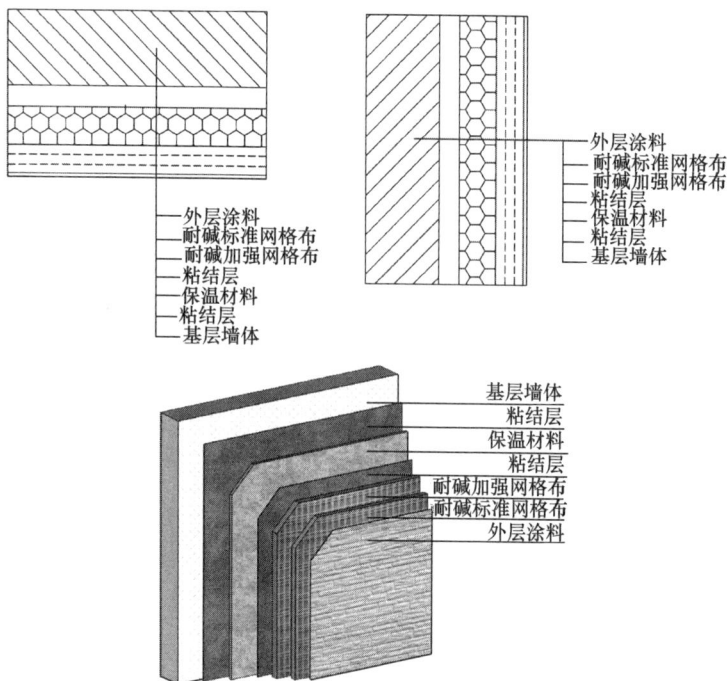

外层涂料
耐碱标准网格布
耐碱加强网格布
粘结层
保温材料
粘结层
基层墙体

外层涂料
耐碱标准网格布
耐碱加强网格布
粘结层
保温材料
粘结层
基层墙体

基层墙体
粘结层
保温材料
粘结层
耐碱加强网格布
耐碱标准网格布
外层涂料

工艺说明：外墙保温多种多样，传统外墙保温，是由聚合物砂浆、玻璃纤维网格布、阻燃型模塑聚苯乙烯泡沫板（EPS）或挤塑板（XPS）等材料复合而成，现场粘结施工。新型保温装饰一体化板是通过流水线生产，集保温、防水、饰面等功能于一体，是满足当前房屋建筑节能需求，提高工业与民用建筑外墙保温水平的优选材料，也是对既有建筑节能改造的首选材料。

020401.2 幕墙保温构造

020401.2.1 石材幕墙保温构造

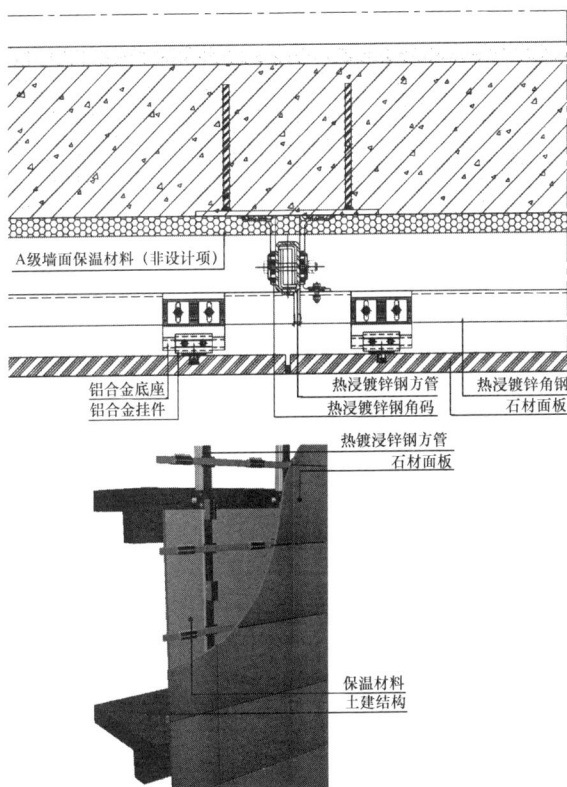

A级墙面保温材料（非设计项）

铝合金底座
铝合金挂件

热浸镀锌钢方管
热浸镀锌钢码

热浸镀锌角钢
石材面板

热镀浸锌钢方管
石材面板

保温材料
土建结构

工艺说明：石材幕墙保温的做法；（1）将保温层复合在主体结构的外表面上，类同于普通外墙外保温的做法；（2）在幕墙板与主体结构之间的空气层中设置保温材料；（3）幕墙板内侧复合保洁材料。石材幕墙的保温材料可与石材结合在一起，甚至可采用石材保温复合板，但保温层与主体结构外表面有50mm以上的空气层，以供凝结水从幕墙层间排出。

020401.2.2　金属板幕墙保温构造

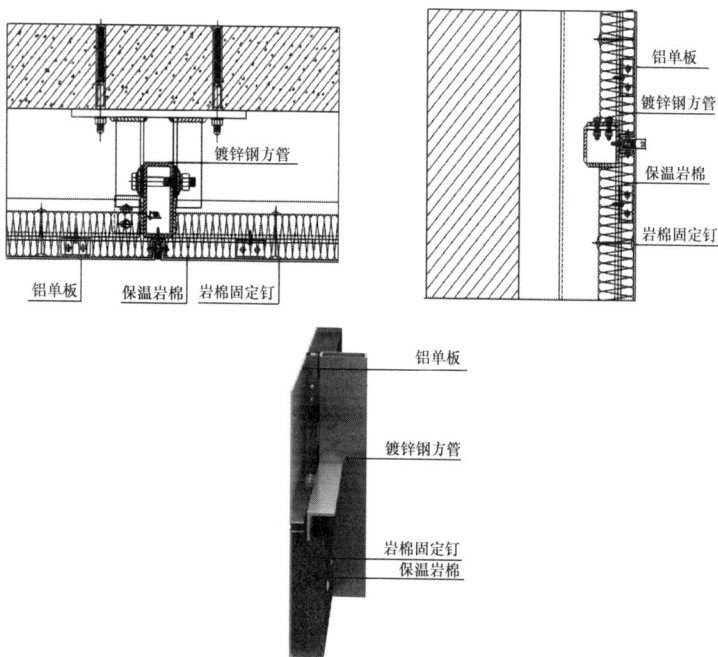

铝单板
镀锌钢方管
保温岩棉
岩棉固定钉

镀锌钢方管

铝单板　保温岩棉　岩棉固定钉

铝单板

镀锌钢方管

岩棉固定钉
保温岩棉

工艺说明： 金属板幕墙保温的做法：（1）将保温层复合在主体结构的外表面上，类同于普通外墙外保温的做法；（2）在幕墙板与主体结构之间的空气层中设置保温材料；（3）幕墙板内侧复合保洁材料。金属板幕墙的保温材料可与金属板结合在一起，但保温层与主体结构外表面有50mm 以上的空气层，空气层应逐层封闭。

2. 防雷构造

020402.1 顶部防雷构造

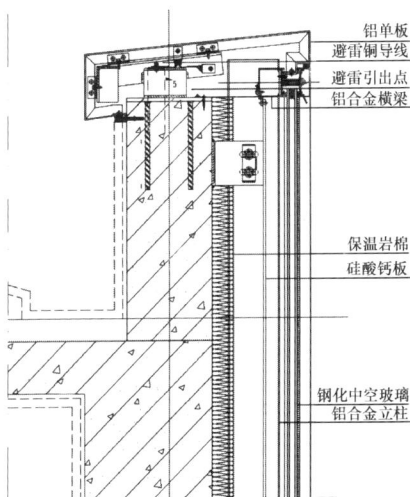

铝单板
避雷铜导线
避雷引出点
铝合金横梁

保温岩棉
硅酸钙板

钢化中空玻璃
铝合金立柱

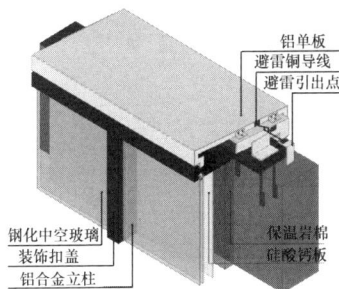

铝单板
避雷铜导线
避雷引出点

钢化中空玻璃
装饰扣盖
铝合金立柱

保温岩棉
硅酸钙板

工艺说明：通常建筑物的防雷装置有三部分：接闪器、引下线和接地装置。建筑幕墙顶部女儿墙的盖板部分，有目的的设计成幕墙接闪器，因为该部分处于建筑幕墙顶部，常用铝单板作为盖板。

020402.2 铝龙骨防雷构造

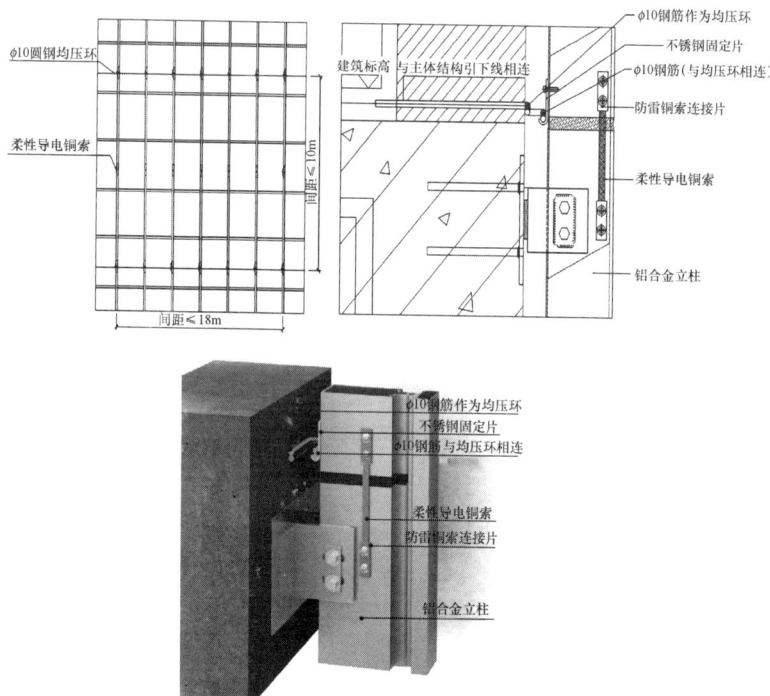

工艺说明：高层建筑幕墙顶部的接闪器，不能防止电流的侧面横向发展绕击作用。在45m以上的高层建筑幕墙部位（本图按二类防雷建筑），每三层设置一圈均压环，并和建筑物防雷网及幕墙自身的防雷体系接通。

020402.3　钢龙骨防雷构造

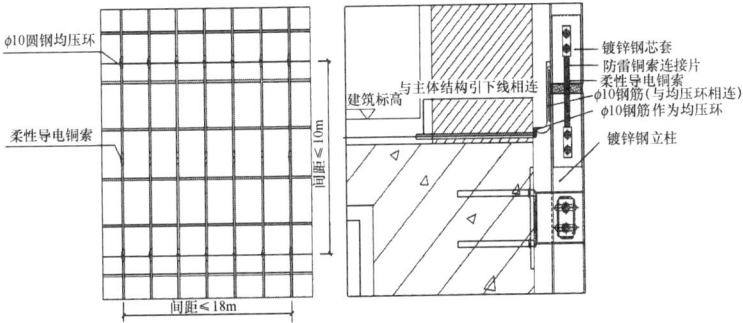

工艺说明：高层建筑幕墙顶部的接闪器，不能防止电流的侧面横向发展绕击作用。在45m以上的高层建筑幕墙部位（本图按二类防雷建筑），每三层设置一圈均压环，并和建筑物防雷网及幕墙自身的防雷体系接通。

3. 防火构造

020403.1　玻璃幕墙防火构造

020403.1.1　玻璃幕墙层间防火构造

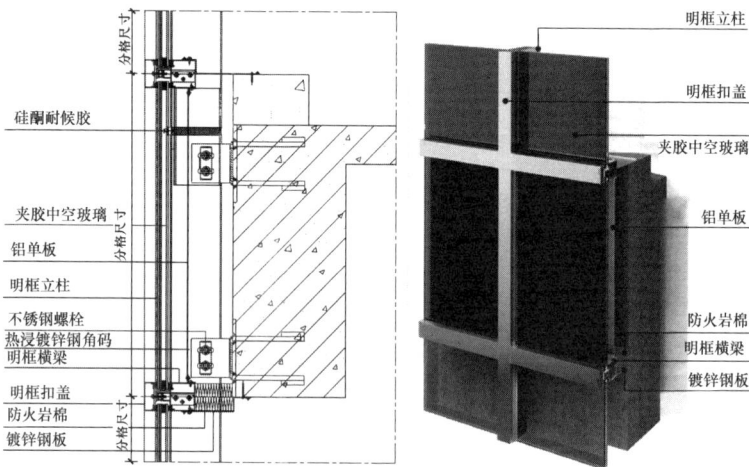

工艺说明：窗间墙、窗槛墙的填充材料应采用非燃烧材料。如其外墙面采用耐火极限不低于 1h 的非燃烧材料，则其墙内填充材料可采用难燃烧材料。无窗间墙和窗槛墙的玻璃幕墙，应在每层楼板外沿设置不低于 80cm 高的实体墙裙，或在玻璃幕墙内侧每层设自动喷水装置，且喷头间距不应大于 2m。玻璃幕墙与每层楼板、隔墙处的缝隙，必须用非燃烧材料严密填实。

020403.1.2 点式玻璃幕墙层间防火构造

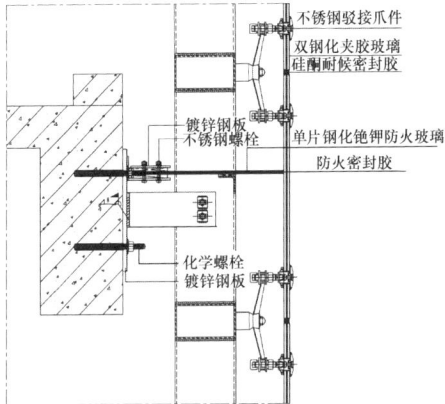

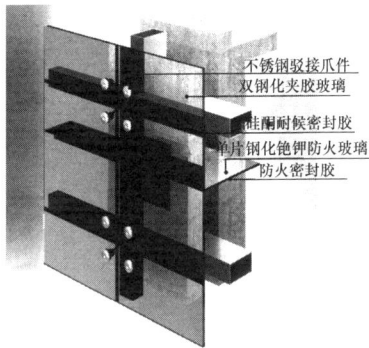

工艺说明：驳接爪浮头式玻璃幕墙的玻璃面板由支撑点支撑，钢制支撑点通过玻璃上的圆洞与玻璃连结。金属外板凸出在玻璃平面外，玻璃无需开锥形孔。由于玻璃孔洞边应力集中，面玻应采用钢化和匀质处理，当面玻采用夹胶玻璃时，也应先钢化后夹胶。玻璃面板支撑孔边与板边的距离不宜小于70mm。结构和玻璃面之间采用10mm厚单片钢化铯钾防火玻璃连接。

020403.2 石材幕墙防火构造

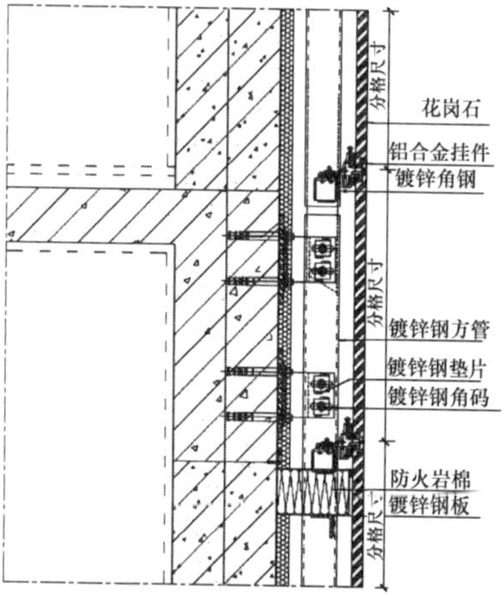
花岗石
铝合金挂件
镀锌角钢
镀锌钢方管
镀锌钢垫片
镀锌钢角码
防火岩棉
镀锌钢板
分格尺寸
分格尺寸
分格尺寸

花岗岩石材
铝合金挂件
镀锌角钢
镀锌钢方管
镀锌钢角码
防火岩棉

工艺说明：在每层楼板与石板幕墙之间不能有空隙，应用镀锌钢板和防火棉形成防火带。在窗框四周嵌缝处应用保温材料防护，防止冷桥形成。外墙保温层施工时，保温层应在金属骨架内填塞、固定要严密、牢固。